Jürgen Herzberger

Übungsbuch zur Numerischen Mathematik

Jürgen Herzberger

Übungsbuch zur Numerischen Mathematik

Typische Aufgaben mit ausgearbeiteten Lösungen zur Numerik und zum Wissenschaftlichen Rechnen

Die Deutsche Bibliothek – CIP-Einheitsaufnahme

Herzberger, Jürgen:
Übungsbuch zur numerischen Mathematik:
typische Aufgaben mit ausgearbeiteten Lösungen
zur Numerik und zum wissenschaftlichen Rechnen /
Jürgen Herzberger. – Braunschweig; Wiesbaden:
Vieweg, 1998
ISBN 978-3-528-06948-3

Prof. Dr. *Jürgen Herzberger*
Fachbereich 6 Mathematik
Carl von Ossietzky Universität Oldenburg
Postfach 2503
26111 Oldenburg
E-mail: herzberg@uni-oldenburg.de

Der Verlag Vieweg ist ein Unternehmen der Bertelsmann Fachinformation GmbH.

http://www.vieweg.de

Umschlag: Klaus Birk, Wiesbaden
Satz: Christiane Büßelmann, Oldenburg
Gedruckt auf säurefreiem Papier

ISBN-13: 978-3-528-06948-3 e-ISBN-13: 978-3-322-83138-5
DOI: 10.1007/ 978-3-322-83138-5

VORWORT

Das vorliegende Übungsbuch zur Numerischen Mathematik wendet sich an Hörer einer einführenden Vorlesung in die Numerik etwa ab dem dritten Semester. Es stellt in seiner Art ein Novum auf dem deutschen Fachbuchmarkt dar, da solche Übungsbücher bisher vereinzelt nur zu Vorlesungen, wie etwa über die Einführung in die Analysis, Lineare Algebra oder Höhere Mathematik, bekannt sind. Dieses Übungsbuch deckt in etwa den Standardstoff einer Einführung in die Numerik ab - ausgenommen die Numerik von Differentialgleichungen - wie er in allen gängigen deutschsprachigen Lehrbüchern behandelt wird. Es ist also nicht auf ein bestimmtes Lehrbuch abgestellt.

Das Übungsbuch ist in acht Paragraphen gegliedert, die jeweiligen Standardstoffgebieten der Numerik entsprechen. Jedem Abschnitt mit Übungsaufgaben ist eine kurze, tabellarische Aufzählung des zugrundeliegenden Stoffes vorangestellt um die in den folgenden Aufgaben mit Lösung verwendeten Begriffe und Verfahren eindeutig zu charakterisieren. Diese kurzen Abschnitte sollen kein Lehrbuch in Kurzform sein, können aber dennoch als unvollständiges Repetitorium über die jeweiligen Gebiete genutzt werden. Das eigentliche Übungsbuch besteht dann aus einer gesammelten Auswahl von Übungsaufgaben, welche mehr oder weniger theoretischer Natur sind. Jede Aufgabe ist mit einem ausführlichen Lösungsvorschlag versehen. Es wurde versucht die Wiedergabe analoger Übungsaufgaben zu vermeiden. Jede Übung zur Numerischen Mathematik stellt aber auch ein Teil an praktischer Programmierübung dar. Es wurde bewußt auf die Aufnahme derartiger Rechenaufgaben verzichtet. Der Grund dafür ist, daß bekanntermaßen die Lösungen, soweit sie in Zahlform anfallen, stets vom verwendeten Rechner oder auch Compiler abhängig sind. Deshalb käme hier dann nicht mehr die zweiwertige 'Aufgabenlogik', nämlich richtig oder falsch, zur Anwendung. Insbesondere ist das der Fall bei dem ersten Paragraphen über Gleitkommaeffekte, die jeweils dem Rechner oder Compiler angepaßte Datenvorgaben in den Aufgabenstellungen erfordern würden. Man bekäme also ein Übungsbuch, das auf einen bestimmten Rechner zugeschnitten wäre. Dies ist aber in keiner Weise wünschenswert, zumal Rechner wie auch Compiler sehr schnell einem Wechsel unterworfen sind. Außerdem soll nicht verschwiegen werden, daß es für alle gängigen numerischen Algorithmen, abgesehen von ausgefallenen Varianten, schon entsprechende Programmesammlungen gibt. Ihnen soll mit diesem Übungsbuch keine Konkurrenz gemacht werden. Das vorliegende Übungsbuch soll vielmehr eine echte Lücke auf dem Lehrbuchmarkt schließen und nicht schon vorhandenen ähnlichen Büchern ein weiteres hinzufügen. Die Behandlung der Numerik der Differentialgleichungen wurde bewußt ausgespart. Das Übungsbuch ist als Begleitbuch zu einer einsemestrigen Einführung gedacht, da in der Regel nur ein Übungsschein in Numerik erworben werden muß. Natürlich kann selbst eine solche einsemestrige Vorlesung auch kurz auf die Numerik der Differentialgleichungen eingehen. Das bedingt jedoch wegen der Kürze der dafür zur Verfügung stehenden Zeit eine starke Selektion der Stoffauswahl. Um möglichst viele solche Möglichkeiten abzudecken, müßte aber dieses Gebiet in großer Breite durch entsprechende Musteraufgaben behandelt werden. Dies würde dann aber zwangsläufig zu einem Ungleichgewicht im Verhältnis zu den anderen Gebieten führen. Vielerorts ist es üblich, die Numerik der Differentialgleichungen in einer eigenen Vorlesung (etwa als Numerische Mathematik II) zu bringen und somit erscheint es als angebracht ein separates Übungsbuch darüber zusammen zu stellen. Das vorliegende Übungsbuch setzt einige, kleinere Schwerpunkte, die in den meisten Lehrbüchern eher kurz oder kaum behandelt werden. So nehmen etwa die Gleitkommarechnung und die Bestimmung der Konvergenzordnung sowie der BANACHsche Fixpunktsatz einen etwas breiteren Rahmen als üblich ein. Dabei läßt sich nicht verleugnen. daß der Autor selbst eine 'Einführung in das wissenschaftliche Rechnen' in ähnlicher Art verfaßt hat und auch als Vorlesungsgrundlage benutzt. Das Buch eignet sich somit auch als Ergänzung zu Vorlesungen, die unter diesem Titel angeboten werden.

Grundlage der Aufgabensammlung dieses Übungsbuches war das breite Repertoire an Übungsaufgaben, welche der Autor in seiner langjährigen Vorlesungs- und Übungstätigkeit an der Universität Oldenburg verwendet hat. Dabei flossen auch einige Übungsaufgaben ein, welche auf die Kollegen Professor Dr. Götz Alefeld (seinerzeit TU Berlin) und Professor Dr. Helmuth Späth (ebenfalls Oldenburg) zurück gehen. Letzterer hat ebenfalls ein Lehrbuch über 'Numerik' verfaßt, das aber keine Aufgaben enthält. Einige Aufgaben sind ähnlich abgefaßt, wie in den in der Literaturliste angegebenen Lehrbüchern, meist aber dem vorliegenden Zwecke angepaßt. Da vielfach Übungsaufgabentypen durch den Stoff bereits grob vorgegeben sind, läßt sich dieser geschilderte Sachverhalt schwerlich vermeiden. Es wurde aber versucht sowohl in der Auswahl der Aufgaben, in der Art der Lösungsvorschläge als auch in der Gesamtdarstellung ein neues originelles Buch zu schaffen. Vieles blieb dabei notgedrungen ausgeklammert, da es nur in einigen Lehrbüchern abgehandelt wird und daher für ein allgemeines Übungsbuch nicht von großer Bedeutung ist. Dieses Übungsbuch ist absichtlich nicht als vollständige Auswahl abgefaßt, sondern soll lediglich eine Hilfe für einen Großteil der Übungsaufgaben zu einer Numerikvorlesung sein.

An dieser Stelle möchte ich einigen Personen meinen Dank für die Hilfe und Unterstützung bei der Abfassung und Erstellung des Manuskriptes zu diesem Übungsbuch aussprechen. Zunächst danke ich vielmals Frau Christiane Büßelmann, die mit viel Geschick und Hingabe das druckfertige Manuskript aus einer nicht immer übersichtlichen Vorlage erstellt hat. Bei dieser Art von Buch kann man meines Erachtens dies ruhig als den Hauptanteil am Entstehen des Buches bezeichnen. Daneben möchte ich Herrn Professor Dr. Günter Mayer (Rostock) für die Durchsicht der Rohfassung des Manuskriptes zu diesem Buch und die dabei gemachten Verbesserungsvorschläge und Hinweise auf Fehler danken. Dem Vieweg Verlag mit Frau Schmickler-Hirzebruch als zuständige Lektorin, möchte ich für die verständnisvolle Bereitschaft zur Herausgabe dieses

Übungsbuches danken, das als ein Experiment auf dem Fachbuchmarkt angesehen werden kann. Es bleibt aus meiner Sicht zu hoffen, daß eine möglichst weite und lange Verbreitung dieses Übungsbuches die Mühen aller am Entstehen des Buches Beteiligten belohnen wird.

Oldenburg, September 1997 Jürgen Herzberger

INHALTSVERZEICHNIS

§ 1 Rechnerarithmetik

1.1 Grundbegriffe

Es sei definiert:
normalisierte Gleitkommazahl $\pm d_1.d_2d_3\ldots d_l \cdot 10^{\pm e_1e_2}$

wobei $0 < d_1 \le 9$ (BASIC-Konvention)
$0 \le d_i \le 9,\ 2 \le i \le l$ und $0 \le e_i \le 9,\ i = 1, 2$.

Wert einer normalisierten Gleitkommazahl: $\pm\left(\sum_{i=1}^{l} d_i \cdot 10^{i-1}\right) \cdot 10^{\pm(10\,e_1+e_2)} = m \cdot 10^e$.

Dabei bedeuten:

Mantisse m: $\pm d_1.d_2d_3\ldots d_l$ (rationale Zahl)
Zahlenlänge: l (natürliche Zahl)
Exponent e: $\pm e_1e_2$ (ganze Zahl)
Basis: 10 (natürliche Zahl)

$\mathbb{R}_M$ bezeichne die Menge der Gleitkommazahlen (eines Rechners)

Rundung: $gl: D \subset \mathbb{R} \to \mathbb{R}_M$ mit $x \le y \Rightarrow gl(x) \le gl(y)$

optimale Rundung: $gl(x) = x$ für alle $x \in \mathbb{R}_M$.

Wir betrachten hier zwei verschiedene, gebräuchliche Rundungsvorschriften:

Rundung CHOP: Hierzu stellen wir eine beliebige reelle Zahl $x \in \mathbb{R}$ auf eindeutige Weise dar als $x = \pm d_1.d_2d_3\ldots d_ld_{l+1}\ldots \cdot 10^e$ mit $0 < d_1 < 10$ (wobei nicht ab einer gewissen Dezimalstelle nur noch die Ziffer 9 kommen darf). Setzt man dann $u = \pm d_1.d_2\ldots d_l$ und $v = 0.d_{l+1}d_{l+2}\ldots$, so gilt $x = u \cdot 10^e + v \cdot 10^{e-l+1}$ mit $0 < |u| < 10$ und $|v| < 1$.
Dann ist erklärt

$$\mathrm{CHOP}(x) = u \cdot 10^e.$$

(Rundung durch Abschneiden.)

Rundung ROUND: Mit derselben Darstellung einer reellen Zahl x wie bei CHOP erhalten wir

$$\mathrm{ROUND}(x)=\begin{cases} u\cdot 10^e & \text{falls } |v|<\frac{1}{2}\ (= \mathrm{CHOP}(x)) \\ u\cdot 10^e+10^{e-l+1} & \text{falls } u>0 \quad \text{und } |v|\geq\frac{1}{2} \\ u\cdot 10^e-10^{e-l+1} & \text{falls } u<0 \quad \text{und } |v|\geq\frac{1}{2} \end{cases}$$

(Rundung zur nächstgelegenen Rechnerzahl.)

Als Rundungsfehler ergeben sich dabei:

absoluter Rundungsfehler $|x-\mathrm{CHOP}(x)|=|v|\cdot 10^{e-l+1}<10^{e-l+1}$

bzw. $|x-\mathrm{ROUND}(x)|<\frac{1}{2}\cdot 10^{e-l+1}$

(hängt von der Größe von x ab)

relativer Rundungsfehler

$(x\neq 0)$ $\qquad \frac{|x-\mathrm{CHOP}(x)|}{|x|}<\frac{10^{e-l+1}}{10^e}=10^{1-l}$

bzw. $\frac{|x-\mathrm{ROUND}(x)|}{|x|}<\frac{\frac{1}{2}\cdot 10^{e-l+1}}{10^e}=\frac{1}{2}\cdot 10^{1-l}$

Hier wurden nur Rundungsfehlerschranken angegeben, der tatsächliche Rundungsfehler kann davon abweichen.

Arithmetische Grundoperationen $\underset{m}{*}$:

Sie seien auf dem (idealen) Rechner definiert (gemäß IEEE-Standard) durch:

$$x\underset{m}{*}y=gl(x*y) \qquad \text{für} \qquad x,y\in\mathbb{R}_M,\ (y\neq 0 \text{ falls } *=/)$$

$$\text{und} \qquad *\in\{+,-,\times,/\}$$

wobei $\underset{m}{*}$ die entsprechende Operation auf dem Rechner sei. Dieses Symbol wird später nicht mehr verwendet.

Aufgrund der (halblogarithmischen) Gleitkommadarstellung erweist sich die Addition/Subtraktion als besonders fehleranfällig.

Kurzer Abriß der Gleitkommaaddition bzw. -subtraktion (in Dezimalarithmetik):

Ausgehend von zwei Gleitkommazahlen im Rechenwerk

$$x = \pm c_1.c_2c_3\ldots c_l \cdot 10^e$$
$$y = \pm d_1.d_2d_3\ldots d_l \cdot 10^f$$

mit ohne Einschränkung $f \leq e$ werden der Reihe nach im Prinzip folgende Schritte durchgeführt.

Schritt 1: Angleichung der Exponenten (zum größeren hin). Dies führt auf eine evtl. nicht normalisierte Darstellung

$$y' = \pm \underbrace{0.00\ldots0}_{e-f} d_1 d_2 \ldots d_l \cdot 10^e$$

von größerer Länge.

Schritt 2: Addition bzw. Subtraktion beider Gleitkommazahlen

$$x \pm y' = z' = \pm g_1 g_2 \cdot g_3 g_4 \ldots g_{l+k} \cdot 10^e$$

im Sinne der reellen Körperoperationen in $\mathbb{R}$.

Schritt 3: Das Verknüpfungsergebnis aus Schritt 2 wird nun in eine normalisierte Darstellung umgewandelt (evtl. von größerer Länge). Dabei können nur die beiden Fälle auftreten:

$g_1 \neq 0$ ergibt $z'' = \pm g_1 . g_2 g_3 \ldots g_{l+k} \cdot 10^{e+1}$

$g_1 = 0$ ergibt $z'' = \pm g_t . g_{t+1} \ldots g_{l+k} \cdot 10^{e-t+2}$,

wenn $g_i = 0$ für $1 \leq i \leq t-1$ und $g_t \neq 0$

(g_t ist die erste von 0 verschiedene Stelle).

Schritt 4: Das Ergebnis z'' aus Schritt 3 wird auf vorgeschriebene Länge l gebracht durch Anwendung einer Rundungsvorschrift (CHOP oder ROUND).

Rundungsfehler bei den vier Grundverknüpfungen:

Bei dieser Definition der Rechnerarithmetik ergibt sich in Schritt 4 gemäß den entsprechenden Rundungsfehlerabschätzungen bei der Definition der Rundungen hier der relative Rundungsfehler

$$\frac{|(x * y) - gl(x * y)|}{|x * y|} < \alpha \cdot 10^{1-l} \text{ für } x * y \neq 0,\ * \in \{+, -, \times, /\}$$

wobei $\alpha = 1$ bei CHOP und $\alpha = \frac{1}{2}$ bei ROUND ist.

Praktischere Darstellung des Rundungsfehlers:

$gl(x*y) = (x*y)\cdot(1+\varepsilon)$, mit $|\varepsilon| < \alpha \cdot 10^{1-l}$.

1.2 Aufgaben zur Rundung und Rechnerarithmetik

Aufgabe 1.1: Man zeige, daß für den Rundungsfehler auch gilt

$$gl(x*y) = \frac{(x*y)}{1+\delta} \text{ mit } |\delta| < \alpha \cdot 10^{1-l}.$$

Lösung: Wir betrachten den modifizierten relativen Rundungsfehler (hier bei CHOP) bei gleicher Darstellung von $(x*y)$ wie bei der Einführung der Rundungen für x

$$\frac{|(x*y) - gl(x*y)|}{|gl(x*y)|} < \frac{10^{e-l+1}}{10^{e}} < 10^{1-l}$$

da auch für $|gl(x*y)| \neq 0$ gilt, daß $|gl(x*y)| > 10^{e}$ ist. Nach Auflösen der Beträge folgt daraus die behauptete Ungleichung in der Form (falls $x*y > 0$ ist)

$$\frac{(x*y)}{1+10^{1-l}} \leq gl(x*y) \leq \frac{(x*y)}{1-10^{1-l}}$$

und der Zwischenwertsatz angewendet auf die Funktion

$$w = \frac{1}{1+z},\ z \in \left[-10^{1-l}, 10^{1-l}\right]$$

liefert das Ergebnis. □

Aufgabe 1.2: Man zeige, daß für zwei Rechnerzahlen x und y mit $|y| \leq |x| \cdot 10^{-(l+1)}$ bei der obigen Rechnerarithmetik

$$gl(x+y) = x$$

gilt.

Lösung: Beim Exponentenangleich in Schritt 1 der Gleitkommaaddition wird die Mantisse von y um mehr als l Stellen nach rechts verschoben. Somit unterscheiden sich x und $x+y$ erst in der $(l+2)$-ten Stelle. Bei CHOP und ROUND hat daher diese Stelle keinen Einfluß mehr auf die l-te Stelle der Mantisse im Ergebnis und damit auch auf das Ergebnis selbst. □

Aufgabe 1.3: Bei Zugrundelegung der obigen Rechnerarithmetik zeige man, daß

$$gl\left(\left(1-10^{-l}\right)/3\right)=\left(1-10^{-l}\right)/3$$

gilt.

Lösung: Da sowohl die Rundung CHOP als auch ROUND im obigen Sinne optimale Rundungen darstellen, genügt es zu zeigen, daß die Größe $\left(1-10^{-l}\right)/3$ aus $\mathbb{R}_M$ ist.

$1-10^{-l}$ hat die Darstellung $9.99\ldots9\cdot10^{-1}$ und dementsprechend ergibt sich für $9.99\ldots9\cdot10^{-1}/3$ die Zahl $3.33\ldots3\cdot10^{-1}\in\mathbb{R}_M$. □

Aufgabe 1.4: Die Gammafunktion $n!$ nimmt für $n=70$ einen Wert an, der größer als 10^{100} ist. Dies bedeutet für manchen Rechner Überlauf. Es soll der Binomialkoeffizient $\binom{n}{k}$ mit $n=70$ und $k=35$ berechnet werden. In den Formelsammlungen findet man für die Definition des Binomialkoeffizienten den Ausdruck

$$\binom{n}{k}=\frac{n!}{k!(n-k)!}$$

Dessen Auswertung führt nach dem eben gesagtem zu Überlaufproblemen. Durch welche Rechenvorschrift kann der Binomialkoeffizient $\binom{70}{35}$ auf den meisten Rechnern ohne Überlauf berechnet werden?

Lösung: Man betrachte die folgende Umformung des Binomialkoeffizienten

$$\binom{70}{35}=\frac{70\cdot69\cdot68\cdot\ldots\cdot36}{1\cdot2\cdot\ldots\cdot35}=\frac{70}{35}\cdot\frac{69}{34}\cdot\frac{68}{33}\cdot\ldots\cdot\frac{36}{1}$$

Dies führt auf die Rechenvorschrift

$$b := 1;$$
$$\text{für } k = 1\ (1)\ 35 \text{ setze } b := b \cdot \frac{(70-k+1)}{(35-k+1)};$$
$$\binom{70}{35} := b$$

Es ergibt sich konkret der Näherungswert $\binom{70}{35} \approx 1.12186278E\,20$, welcher meist noch innerhalb des Zahlbereichs des Rechners liegt. □

Aufgabe 1.5: Bei der naiven Berechnung der Exponentialreihe

$$\exp(x) = 1 + \frac{1}{1!}x + \frac{1}{2!}x^2 + \ldots$$

treten die Summanden $x^k/k!$ auf. Wie in Aufgabe 1.12 geschildert, kann bei direkter Auswertung dieses Summanden für große Werte von k Überlauf sowohl im Zähler als auch im Nenner auftreten. Wie läßt sich dies vermeiden?

Lösung: Man betrachtet den Ausdruck

$$\frac{x^k}{k!} = \frac{x}{1} \cdot \frac{x}{2} \cdot \ldots \frac{x}{k}$$

Dies führt auf die Rechenvorschrift

$$a := 1;$$
$$\text{für } n = 1\ (1)\ k \text{ setze } a := a * \frac{x}{n};$$
$$\frac{x^k}{k!} = a$$

Konkret ergibt sich für $k = 70$ und $x = 10$

$$\frac{10^{70}}{70!} \approx 9.85586308E-10.$$ □

Aufgabe 1.6: Man gebe eine reelle Zahl x im Rechnerzahlenbereich D an, für welche $gl(x) = x(1+\varepsilon)$ mit möglichst großem $|\varepsilon|$ ist. (Als Rundung wähle man CHOP und ROUND).

Lösung: Es gilt

$$\varepsilon = \frac{gl(x) - x}{x}$$

und für etwa 1.000...04999...9 ist der relative Fehler bei ROUND

$$4.999...9 \cdot 10^{-l}.$$

Bei CHOP liefert etwa 1.00...099...9 den relativen Rundungsfehler

$$9.99...9 \cdot 10^{-l}... \quad \square$$

Aufgabe 1.7: Auf einem Rechner ergeben die Operationen

$$(1.+10^{10}) - 10^{10}$$

den Wert 0. Was kann man daraus über die Länge l der verwendeten Gleitkommazahlen schließen, wenn die Operationen wie oben beschrieben durchgeführt werden?

Lösung: In Schritt 1 bei der Gleitkommaaddition

$$(1.+10^{10}) \qquad \text{(mit } e = 0\text{)}$$

wird die 1 der ersten Gleitkommazahl in der Mantisse um l Stellen nach rechts verschoben. Sie wird aber aufgrund des Ergebnisses der zweiten Operation nicht mehr berücksichtigt, d. h. geht durch Rundung verloren. Dies bedeutet, daß die Länge $l \leq 10$ sein muß. $\square$

Aufgabe 1.8: Man betrachte auf dem Rechner bei zugrundegelegter Gleitkommaarithmetik wie oben (mit ROUND) die Folge der Operationen

$$(\ldots((((x+y)-y)+y)-y)+\ldots)$$

mit den Werten $x = 1.$ und $y = 5.10^{-l}$.

(a) Welche Ergebnisse fallen bei den ersten Schritten an?

(b) Was geschieht bei Fortsetzung der Rechnung für viele Schritte und was bei unendlich oftmaligem Ausführen?

Lösung:

Zu (a) Es ergeben sich in den ersten Schritten

$x + y = 1.00\ldots1$

$(x + y) - y = 1.00\ldots1$

$((x + y) - y) + y = 1.00\ldots2$

usw.

Zu (b): Die Rechenergebnisse wachsen streng monoton an (Drift!). Bei unendlich langer Ausführung der Operationen kommen die Zahlenergebnisse jedoch auf einem maximalen Wert zum Stillstand, da wegen des Unterschiedes in den Exponenten beim Zwischenergebnis und y letzteres keinen Einfluß mehr auf das Ergebnis hat. Dies tritt z. B. dann ein, wenn etwa $10.+5.10^{-l}$ berechnet werden soll. Hierbei ist der Unterschied in den Exponenten der beiden Operanden $> l$. □

1.3 Summationsverfahren in Gleitkommaarithmetik

Wir betrachten hier die Summe von n Gleitkommazahlen

$$x_1 + x_2 + x_3 + \ldots + x_n$$

Bei naiver Berechnung der Summe $gl\left(\sum_{i=1}^{n} x_i\right)$ mit Hilfe der rekursiven Vorschrift

$$s_1 = x_1;$$
$$s_{k+1} = s_k + x_{k+1};\ 1 \le k \le n-1$$

ergibt sich die Rundungsfehlerabschätzung

$$\left|gl\left(\sum_{i=1}^{n} x_i\right)-\sum_{i=1}^{n} x_i\right| \le \left(\sum_{i=1}^{n}(n+1-i)|x_i|\right)\alpha\cdot 1.06\cdot 10^{1-l}$$

falls $n\cdot\alpha\cdot 10^{1-l} \le 0.1$ ist.

Dabei wurde die WILKINSON zugeschriebene Ungleichung benutzt:

Seien $\varepsilon_1,\varepsilon_2,\ldots,\varepsilon_n$ Größen mit $|\varepsilon_i| \le \alpha\cdot 10^{1-l}$, $1 \le i \le n$. Unter der Voraussetzung, daß die Bedingung $n\cdot\alpha\cdot 10^{1-l} \le 0.1$ erfüllt ist, liegt die Gleichheit

$$\frac{(1+\varepsilon_1)(1+\varepsilon_2)\ldots(1+\varepsilon_k)}{(1+\varepsilon_{k+1})\ldots(1+\varepsilon_n)} = 1+\delta_n \text{ mit } |\delta_n| \le n\cdot 1.06\cdot\alpha\cdot 10^{1-l}$$

vor, wobei die Größe k beliebig mit $1 \le k \le n$ sein kann.

Aus der Ungleichung oben leitet man folgende heuristische Faustregel ab:

Die Summation von n Gleitkommazahlen sollte möglichst getrennt für positive und negative Summanden und dabei jeweils nach aufsteigenden Beträgen der Summanden erfolgen.

Die WILKINSONsche Ungleichung legt es nahe, wie in manchen Büchern, die Rundungsfehlerzählgröße $\langle n\rangle$ einzuführen. Diese Größe bedeutet

$$\langle n\rangle = 1+\langle n\rangle_0 \text{ mit } |\langle n\rangle_0| \le n\cdot 1.06\cdot\alpha\cdot 10^{1-l}$$

Es handelt sich im wesentlichen um eine abkürzende Schreibweise. So ist z. B. $gl(x+y)=(x+y)\langle 1\rangle$. Es gilt für diese Größen eine wichtige Rechenregel: $\langle n\rangle\cdot\langle m\rangle = \langle n+m\rangle$ (siehe [4], [10]).

1.4 Aufgaben zu Summationsalgorithmen

Aufgabe 1.9: Man überlege sich ein Beispiel, bei welchem die obige Faustregel zu einem schlechteren Ergebnis führt.

Lösung: Wir können dabei etwa

$x_1 = 3.$, $x_2 = 1.\cdot 10^{l+1}$ und $x_3 = -1.\cdot 10^{l+1}$ wählen. Dabei ergeben sich

einmal nach der obigen Faustregel

$$gl\left(gl\left(3.+1.\,10^{l+1}\right)-1.\,10^{l+1}\right)=gl\left(1.\,10^{l+1}-1.\,10^{l+1}\right)=0$$

(Vergleiche dazu Aufgabe 1.2).
Andererseits liefert die Summation

$$gl\left(gl\left(1.\,10^{l+1}-1.\,10^{l+1}\right)+3.\right)=gl(0.+3.)=3.$$

das exakte Ergebnis und damit den kleineren Fehler (hier 0). □

Aufgabe 1.10: Man zeige, daß der relative Rundungsfehler bei der Ausführung der naiven Summation der Gleitkommazahlen $x_1, x_2,,,.x_n$ beliebig groß werden kann. Haben alle x_i, $1 \le i \le n$ jedoch gleiches Vorzeichen, dann zeige man eine obere Schranke für den relativen Rundungsfehler.

Lösung: Der relative Rundungsfehler bei der Summation schreibt sich als

$$\frac{\left|gl\left(\sum_{i=1}^{n} x_i\right)-\sum_{i=1}^{n} x_i\right|}{\left|\sum_{i=1}^{n} x_i\right|}=\left|\frac{gl\left(\sum_{i=1}^{n} x_i\right)}{\sum_{i=1}^{n} x_i}-1\right|$$

Dieser Ausdruck kann sehr groß werden, falls die Summe $\sum_{i=1}^{n} x_i$ sehr klein aber von 0 verschieden ist und $\left|gl\left(\sum_{i=1}^{n} x_i\right)\right|$ jedoch größer ist als $\left|\sum_{i=1}^{n} x_i\right|$. Zur Illustration betrachte man den Drift aus der vorigen Aufgabe 1.3, wobei sich asymptotisch der relative Fehler in der Größenordnung

$$\frac{|10.-1|}{1.}=9$$

ergab.

Gilt jedoch $sign(x_i)\cdot sign(x_j)=1$, dann folgt in obiger Darstellung wegen

$$\left|\sum_{i=1}^{n} x_i\right|=\sum_{i=1}^{n}|x_i|$$

aber unter Berücksichtigung von

$$\left| gl\left(\sum_{i=1}^{n} x_i\right) - \sum_{i=1}^{n} x_i \right| < n \cdot \alpha \cdot 1.06 \cdot \frac{1}{2} 10^{1-l} \left(\sum_{i=1}^{n} |x_i|\right)$$

jetzt die Fehlerschranke

$$\frac{\left| gl\left(\sum_{i=1}^{n} x_i\right) - \sum_{i=1}^{n} x_i \right|}{\left|\sum_{i=1}^{n} x_i\right|} < n \cdot \alpha \; 1.06 \cdot \frac{1}{2} \cdot 10^{1-l}. \; \square$$

Aufgabe 1.11: Für 2^n Gleitkommazahlen $x_1, x_2, \ldots, x_{2^n}$ werde die Summe $\sum_{i=1}^{2^n} x_i$ durch folgende Vorschrift berechnet:

Es werden die gegebenen Zahlen sukzessive, paarweise addiert (Verfahren von VITEN'KO und LINZ), d. h. man rechnet nach folgendem Schema die Summe in n Schritten aus.

$$(((\ldots(((x_1 + x_2) + (x_3 + x_4)) + ((x_5 + x_6) + (x_7 + x_8))) + \ldots)))$$

Man leite eine Abschätzung für den absoluten Rundungsfehler bei dieser Methode her und vergleiche diesen mit dem der 'naiven' Methode von oben.
Was läßt sich zur praktischen Durchführung des Verfahrens grundsätzlich sagen und wie kann man von der geraden Anzahl 2^n abkommen?

Lösung: Es werden der Reihe nach die Teilsummen

$$(x_1 + x_2), (x_3 + x_4), (x_5 + x_6), (x_7 + x_8), \ldots$$
$$((x_1 + x_2) + (x_3 + x_4)), ((x_5 + x_6) + (x_7 + x_8)), \ldots$$

usw.

berechnet. Durch Induktion beweist man leicht, daß die berechnete Summe der folgenden Fehlerabschätzungen genügt

$$gl\left(\sum_{i=1}^{2^n} x_i\right) = \sum_{i=1}^{2^n} x_i w(i,n)$$

mit $w(i,n)$ = Produkt von n Linearfaktoren der Gestalt $(1 + \varepsilon_{i_k})$ wobei $|\varepsilon_{i_k}| < \cdot 10^{1-l}$ ist.

Mit Anwendung der Ungleichung von WILKINSON ergibt sich damit hier die Rundungsfehlerabschätzung

$$\left| gl\left(\sum_{i=1}^{2^n} x_i \right) - \sum_{i=1}^{2^n} x_i \right| \leq \sum_{i=1}^{2^n} n \cdot |x_i| \cdot \alpha \cdot 1.06 \cdot 10^{1-l} \text{ für } n \cdot \alpha \cdot 10^{1-l} \leq 0.1 .$$

Diskussion des Ergebnisses:

1) Die Multiplikationsfaktoren vor den $|x_i|$ sind für alle Summanden hier gleich (gegenüber der naiven Methode). Deshalb ist auch hier keine Faustregel sinnvoll zu begründen. Der unterschiedliche Größenordnung der Summanden wird durch die Zwischensummenbildung Rechnung getragen. Die Multiplikatoren haben nur die Größenordnung $n = \log_2 2^n$ im Verhältnis zu 2^n Summanden. Auch ist bei einer sehr großen Anzahl von Summanden die Bedingung $n \cdot \alpha \cdot 10^{1-l} \leq 0.1$ leichter zu erfüllen, wenn die Anzahl der Summanden 2^n ist.
2) Zur Ausführung dieser Methode sind einerseits alle 2^n Summanden abzuspeichern aber andererseits ist kein Sortierungsprozeß (Rechenaufwand) zur Fehlerminderung hier nötig. Von der Geradzahligkeit bei der Anzahl der Summanden in jedem Schritt kann durch Hinzufügen einer 0 als zusätzlichen Summanden abgewichen werden, ohne daß sich das Ergebnis ändert.

Aufgabe 1.12: Man berechne den Wert von $\exp(-x)$ für $x = 30$ mit Hilfe eines genügend langen Abschnittes der TAYLOR-Reihe

$$e^{-x} = 1 - x + (x^2/2) - (x^3/6) + \ldots$$

Was stellt man dabei fest?
Durch welche Maßnahme kann das Ergebnis verbessert werden?

Lösung: Eine Ausführung der Rechnung auf dem Rechner zeigt, daß ein völlig falsches Ergebnis geliefert wird, wenn man die Reihe in naiver Weise summiert. Dies liegt daran, daß der Wert $\exp(-30)$ in der Größenordnung 0 liegt, die Summanden aber bis zu einer Größenordnung von $7.8 \cdot 10^{11}$ im Betrag anwachsen. Somit entsteht das Ergebnis von ungefähr 0 durch häufige Subtraktion von Gleitkommazahlen großen Betrags, was das Ergebnis ungenau werden läßt (subtraktive Auslöschung). Der Abbruchfehler läßt sich aufgrund der bekannten Restgliedformel für die TAYLOR-Reihe von $\exp(x)$

$$|r_n| = \frac{x^{k+1}}{(k+1)!}$$

beliebig klein machen und kann dafür nicht verantwortlich sein.
Ausweg: Man berechne

$$\exp(-x) = 1/\exp(x)$$

und approximiere $\exp(x)$ durch die entsprechende TAYLOR-Reihe, welche für $x > 0$ nur positive Summanden hat. Dafür gilt eine bessere Fehlerabschätzung (siehe Aufgabe 1.9). Bei diesem Vorgehen wird der Wert von $\exp(-x)$ ziemlich genau approximiert. □

Aufgabe 1.13: Die unendliche Reihe $\sum_{n=1}^{\infty} \frac{1}{n}$ wird harmonische Reihe genannt und divergiert bekanntlich gegen $+\infty$. Ihre Partialsummen s lassen sich auf dem Rechner durch die Vorschrift

$$s_1 = 1;\ s_n = s_{n-1} + \frac{1}{n};\ n \geq 2$$

rekursiv berechnen. Man gebe bei Verwendung der Rechnerarithmetik mit $l = 4$ aus Abschnitt 1.1 mit Rundung ROUND eine (möglichst gute) Abschätzung für die maximale Partialsumme s_k an. (Es gilt bekanntlich $\lim_{n\to\infty}\{s_n - \ln n\} = C \approx 0.5772$ (EULERsche Konstante).)

Lösung: Aus den Aufgaben 1.2 und 1.5 ergibt sich, daß

$$s_{n+1} = gl\left(s_n + \frac{1}{n}\right) = s_n$$

gilt, falls $|s_n| > 1$ und $\frac{1}{n} \leq 4.999 \cdot 10^{-4}$ ist. Dann folgt für n die hinreichende Bedingung $n \geq (1/4.999) \cdot 10^4 \approx 2001$. Da die Zahl $n = 2001$ groß genug ist für eine gute Übereinstimmung der obigen EULERschen Beziehung, folgern wir

$$s_n \approx \ln 2001 + 0.5772 \approx 7.601 + 0.5772 \approx 8.178$$

Für den Wert von 8.178 ergibt sich tatsächlich aufgrund seiner vorhergesagten Größenordnung die zugrunde gelegte Eigenschaft

$$gl(s_{2001}+1/2001)=s_{2001}\approx 8.178.\ \square$$

Aufgabe 1.14: Gegeben sei die unendliche Reihe $\sum_{i=1}^{\infty} a_n$ mit $a_n=(-1)^{n+1}\cdot\frac{1}{n}$, welche bekanntlich bedingt konvergent ist. Man berechne über die Partialsumme

$$s_n=1-\frac{1}{2}+\frac{1}{3}-\frac{1}{4}+\ldots(-1)^{n+1}\cdot\frac{1}{n}$$

den Wert der Reihe $s=\lim_{n\to\infty} s_n$ auf 4 Dezimalstellen nach dem Komma genau und mit möglichst wenig Rechenaufwand (bei der Rundung ROUND).

Lösung: Als Abschätzung für die Partialsummen der Reihe ergibt sich durch (zulässiges) Setzen von Klammern

$$n \text{ gerade:} \qquad s_n=\left(1-\frac{1}{2}\right)+\left(\frac{1}{3}-\frac{1}{4}\right)+\ldots>\left(1-\frac{1}{2}\right)+\left(\frac{1}{3}-\frac{1}{4}\right)=\frac{7}{12}$$

$$n \text{ ungerade:} \qquad s_n=1-\left(\frac{1}{2}-\frac{2}{3}\right)-\left(\frac{1}{4}-\frac{1}{5}\right)-\ldots<1-\left(\frac{1}{2}-\frac{1}{3}\right)=\frac{10}{12}$$

Wir haben also insgesamt: $\frac{7}{12}<s<\frac{10}{12}$.

Verwenden wir nun die erste Formel für gerades n, dann ergibt sich

$$s_{2n}=\sum_{k=1}^{n}\left(\frac{1}{2k-1}-\frac{1}{2k}\right)=\sum_{k=1}^{n}\frac{1}{(2k-1)\cdot 2k}$$

Für das Restglied der (ursprünglichen) alternierenden Reihe ist aber bekanntlich $|r_{2n}|<\frac{1}{2n+1}$ gültig. Da der Abbruchfehler und der Rundungsfehler zusammengenommen kleiner als die Hälfte der Genauigkeitsanforderung sein muß, ergibt sich aus Aufgabe 1.9 (zweiter Teil) und aus dem eben angegebenen Restglied die hinreichende Bedingung für n als

$$\frac{1}{2n+1}+2n\cdot 1.06\cdot\frac{1}{2}\cdot 10^{-9}<\frac{1}{2}\cdot 10^{-4},$$

wenn wir $l = 10$ mindestens voraussetzen.

Mit der Näherungsrechnung

$$\frac{1}{2n} + n \cdot 10^{-9} < \frac{1}{2} \cdot 10^{-4}$$

erhalten wir den Wert für ein hinreichend großes n aus der Lösung der quadratischen Gleichung

$$n^2 \cdot 10^{-9} - \frac{1}{2} n \cdot 10^{-4} + \frac{1}{2} = 0 .$$

Nach der bekannten Formel dafür erhalten wir schließlich

$$n_{1,2} = \frac{0.5 \cdot 10^{-4} \pm \sqrt{0.25 \cdot 10^{-8} - 2 \cdot 10^{-9}}}{2 \cdot 10^{-9}} = 0.25 \cdot 10^{5} \pm \frac{\sqrt{5} \cdot 10^{-5}}{2 \cdot 10^{-9}}$$
$$\approx 25000 \pm 1118$$

Maßgebend für unser n ist die kleinere der beiden Wurzeln, da dann die Fehlerabschätzung unterhalb der Schranke für die Genauigkeit liegt (und dann wegen des zunehmenden Rundungsfehlers nach der größeren der Wurzeln wieder darüber anwächst).
Also sollte $n \geq 23882$ sein.

Praktisch wird man aber

$$\hat{s}_{2n} = gl\left(\sum_{k=1}^{n} \frac{1}{(2k-1) \cdot 2k} \right)$$

durch

$$\hat{s}_{2n} = gl\left(\hat{s}_{2n-2} + \frac{1}{(2n-1)2n} \right)$$

solange rekursiv berechnen, bis $|\hat{s}_{2n} - \hat{s}_{2n-2}| < \frac{1}{2} \cdot 10^{-4}$ ist. Dies wird, da die Fehlerschranke in Aufgabe 1.9 pessimistisch war, für einen kleineren Wert von n als den vorhergesagten 23882 eintreten. □

1.5 Rundungsfehler in arithmetischen Ausdrücken - subtraktive Auslöschung

Wir betrachten die Differenz von zwei Gleitkommazahlen $\hat{x}$ und $\hat{y}$, welche selbst Rechenergebnisse sind und aus den reellen Zahlen x und y durch eine verschiedene Anzahl von Rundungsfehlern hervorgehen. Es gelte also

$$\hat{x} = x \cdot (1+\varepsilon)^k \text{ und } \hat{y} = y \cdot (1+\eta)^m, \ |\varepsilon|, \ |\eta| \le \alpha \cdot 10^{1-l}.$$

Dann ergibt die Abschätzung des relativen Rundungsfehlers in Bezug auf $(x-y)$ (siehe [10])

$$\frac{|gl(\hat{x}-\hat{y})-(x-y)|}{|x-y|} \le \left[(k+1) + \frac{|y|}{|x-y|}(k+m+2) \right] \cdot \alpha \cdot 1.06 \cdot 10^{1-l}.$$

Diese Abschätzung zeigt, daß bei $x \approx y$ und nicht zu kleinem $|y|$ der zweite Summand in der eckigen Klammer zusätzlich zum Faktor $(k+m+2)$ noch sehr groß werden kann. Damit kann das Ergebnis einen großen relativen Fehler bezogen auf die wahren Werte x und y haben.

Abhilfe: Es gibt praktisch mehrere Möglichkeiten, diese subtraktive Auslöschung in einem arithmetischen Ausdruck zu beseitigen. Eine Möglichkeit ist

- eine geeignete Umformung des Ausdrucks, die die subtraktive Auslöschung beseitigt.

oder

- eine explizite TAYLOR-Entwicklung um einen Wert, für welchen subtraktive Auslöschung eintritt mit anschließender Auswertung eines genügend genauen Abschnittes dieser TAYLOR-Reihe.

Eine Umformung des arithmetischen Ausdruckes kann etwa bei der Gestalt des zu berechnenden Ausdruckes von $f(x)-g(x)$ und $f(x_0) \approx g(x_0)$ folgendermaßen vorgenommen werden:

$$f(x)-g(x) = \frac{f^2(x)-g^2(x)}{f(x)+g(x)}$$

wobei im Nenner bei x_0 keine subtraktive Auslöschung zu erwarten ist und manchmal der Zähler $f^2(x)-g^2(x)$ eine einfachere Form annimmt, die eventuell auch keine subtraktive Auslöschung mehr enthält.

1.6 Aufgaben zur Auswertung arithmetischer Ausdrücke

Aufgabe 1.15: Durch Umformung der entsprechenden Ausdrücke beseitige man die subtraktive Auslöschung bei

(a) $\sqrt{1+x^2}-\sqrt{1-x^2}$, x nahe 0;

(b) $1/\left(\sqrt{x+1}-\sqrt{x-1}\right)$, $x \gg 1$;

(c) $(1+x)^2-(1-x)^2$, x nahe 0;

(d) $\left(-b-\sqrt{b^2-4ac}\right)/2a$, für $b<0$, $|a|$ und $|c| \ll 1$
(Lösungsformel für die quadratische Gleichung $ax^2+bx+c=0$.)

Lösung: Folgende Umformungen führen auf weniger Rundungsfehleranfällige Ausdrücke.

Zu (a): $$\sqrt{1+x^2}-\sqrt{1-x^2}=\frac{2\cdot x^2}{\sqrt{1+x^2}+\sqrt{1-x^2}}$$

Zu (b): $$1/\left(\sqrt{x+1}-\sqrt{x-1}\right)=\frac{\sqrt{x+1}+\sqrt{x-1}}{2}$$

Zu (c): $$(1+x)^2-(1-x)^2=4x$$

Zu (d): $$\left(-b-\sqrt{b^2-4ac}\right)/2a=\frac{2\cdot c}{-b+\sqrt{b^2-4ac}}\left(\approx\frac{c}{|b|}\right)$$
(stabilere Lösungsformel). □

Aufgabe 1.16: Es gelten die Umformungen

$$\left(\sqrt{2}-1\right)^6=\left(3-2\sqrt{2}\right)^3=99-70\sqrt{2}=\frac{1}{99+70\sqrt{2}}.$$

Wenn man $\sqrt{2}$ durch den Näherungswert 1.4 ersetzt und die Rechnungen analytisch, d. h. rundungsfehlerfrei, ausführt, was ergibt sich dann für den absoluten Fehler der jeweiligen Ausdrücke? Welcher Ausdruck liefert den kleinsten Fehler? Man vergleiche diesen mit dem Fehler des weiteren Ausdruckes $\left(3+2\sqrt{2}\right)^{-3}$.

Lösung: Es gilt in der analytischen Fehlerrechnung bekanntlich in erster Näherung die Formel

$$\Delta y \approx \frac{\partial f}{\partial x}\cdot\Delta x \text{ für den Ausdruck } y = f(x).$$

Damit ergibt sich für $x=\sqrt{2}$ und $\Delta x = \sqrt{2}-1.4 \approx 0.0142$ im Einzelnen:

$$\begin{aligned}
y_1 &= f_1(x) = (x-1)^6 & &\Rightarrow \Delta y_1 \approx 6\left(\sqrt{2}-1\right)^5 \Delta x < 1.1\cdot 10^{-3}\\
y_2 &= f_2(x) = (3-2x)^3 & &\Rightarrow |\Delta y_2| \approx 6\left(3-2\sqrt{2}\right)^2 \Delta x < 2.6\cdot 10^{-3};\\
y_3 &= f_3(x) = 99-70x & &\Rightarrow |\Delta y_3| \approx 70\Delta x < 1;\\
y_4 &= f_4(x) = 1/(99+70x) & &\Rightarrow |\Delta y_4| \approx 70/\left(99+70\sqrt{2}\right)^2 < 2.6\cdot 10^{-5}.
\end{aligned}$$

Der kleinste Fehler entsteht bei dem Ausdruck $\left(99+70\sqrt{2}\right)^{-1}$.
Im Vergleich dazu würde der Ausdruck

$$y_5 = f_5(x) = (3+2\cdot x)^{-3}$$

den Fehler der etwa gleichen Größenordnung von

$$|\Delta y_5| \approx 6\left(3+2\sqrt{2}\right)^{-4} \Delta x < 7.4\cdot 10^{-5}$$

haben. □

Aufgabe 1.17: Der Wert des Ausdruckes

$$y = \ln\left(x-\sqrt{x^2-1}\right)$$

soll für größere Werte $x \gg 1$ berechnet werden. Man forme diesen Ausdruck so um, daß der dabei auftretende Rundungsfehler kleiner wird.

Lösung: $x-\sqrt{x^2-1} \to 0$ für $x \gg 1$, was bedeutet, daß dabei bei Gleitkommarechnung subtraktive Auslöschung auftritt. Diese kann vermieden werden, wenn wir schreiben

$$y = \ln\left(x - \sqrt{x^2 - 1}\right) = \ln\left(\frac{1}{\left(x + \sqrt{x^2 - 1}\right)}\right) = -\ln\left(x + \sqrt{x^2 - 1}\right).$$

(Für große Werte von x liefert y also näherungsweise $-(\ln 2 + \ln x)$). □

Aufgabe 1.18: Für beliebiges $x_0 > -1$ konvergiert die rekursiv definierte Folge

$$x_{n+1} = 2^{n+1}\left[\sqrt{1 + 2^{-n} x_n} - 1\right],\ n \geq 0$$

gegen den Wert $\ln(x_0 + 1)$. Man forme die Rekursion derart um, daß die Berechnung möglichst genau durchgeführt werden kann.

Lösung: Es gilt für die Folge $\{x_n\}$:

$$\begin{aligned} 2^{-(n+1)} x_{n+1} + 1 &= \sqrt{1 + 2^{-n} x_n} \\ &= \left(1 + 2^{-(n-1)} x_{n-1}\right)^{\frac{1}{4}} \\ &\ \vdots \\ &= \left(1 + x_0\right)^{\frac{1}{2^{n+1}}} \end{aligned}$$

oder

$$1 + x_0 = \left(1 + \frac{x_n}{2^n}\right)^{2^n} \to e^{x^*},$$

also

$$x^* = \ln(1 + x_0).$$

Wir formen folgendermaßen um:

$$x_{n+1} = 2^{n+1} \cdot \frac{2^{-n} x_n}{1 + \sqrt{2^{-n} x_n + 1}} = \frac{2 \cdot x_n}{1 + \sqrt{2^{-n} x_n + 1}}$$

Diese Rechenvorschrift ist rundungsfehlergünstiger, da $\sqrt{1 + 2^{-n} \cdot x_n} - 1 \to 0$ wegen $2^{-n} \cdot x_n \to 0$ (da x_n beschränkt) und somit im Argument von der Logarithmusfunktion wegen subtraktiver Auslöschung Ungenauigkeiten auftreten würden. □

Aufgabe 1.19: Das Volumen einer dünnen Kugelschale ergibt sich aus der Formel

$$V = 4\pi \frac{(r+h)^3 - r^3}{3}$$

(hier sei $h << r$). Was kann man machen, damit für kleine Werte von h die Auswertung dieser Formel genauer wird?

Lösung: Für $h << r$ ist $(r+h)^3 - r^3 \approx 0$. Es tritt also subtraktive Auslöschung auf. Genauer ist die identische Umformung

$$V = 4\pi \frac{3r^2h + 3rh + h^3}{3},$$

die keine subtraktive Auslöschung mehr enthält. □

Aufgabe 1.20: Auf dem Rechner stehe die Exponentialfunktion EXP(X) zur Verfügung. Zur Berechnung des hyperbolischen Sinus

$$\sinh(x) = \frac{1}{2}(\exp(x) - \exp(-x))$$

gebe man eine Berechnungsvorschrift an, die für Werte x nahe an 0 genauer ist als die durch die obige Definition gegebene.

Lösung: Man betrachte die beiden TAYLOR-Entwicklungen

$$\exp(x) = 1 + \frac{1}{1!}x + \frac{1}{2!}x^2 + \ldots$$
$$\exp(-x) = 1 - \frac{1}{1!}x + \frac{1}{2!}x^2 - \ldots$$

und setze diese, da beide für alle Werte von x konvergent sind, in die obige Definition ein. Dann ergibt sich daraus:

$$\sinh(x) = \frac{1}{1!}x + \frac{1}{3!}x^3 + \ldots$$

Für kleine Werte von x (nahe 0) stellt dies eine rasch konvergente Reihe dar. Das Restglied kann abgeschätzt werden durch

$$\begin{aligned}
\sinh(x) &= x\left(1+\frac{1}{3!}x^2+\frac{1}{5!}x^4+\ldots\right)\\
&= x\left(1+\frac{1}{3!}x^2+\ldots+\frac{1}{(2k+1)!}x^{2k}\left[1+\frac{1}{(2k+2)(2k+3)}x^2+\ldots\right]\right)\\
&= x\left(1+\frac{1}{3!}x^2+\ldots+\frac{1}{(2k-1)!}x^{2k-2}\right)+r_k(x)
\end{aligned}$$

mit

$$\begin{aligned}
|r_k(x)| &< \frac{|x|}{(2k+1)!}x^{2k}\left[1+\left(\frac{x}{2k+2}\right)^2+\left(\frac{x}{2k+2}\right)^4+\ldots\right]\\
&= \frac{|x|}{(2k+1)!}x^{2k}\cdot\frac{1}{1-\left(\frac{x}{2k+2}\right)^2} \approx \frac{|x|}{(2k+1)!}x^{2k}\cdot\left(1+\left(\frac{x}{2k+2}\right)^2\right)\\
&= \frac{|x|}{(2k+1)!}x^{2k}+\frac{|x|}{(2k+3)!}x^{2k+2}.
\end{aligned}$$

$|r_k(x)|$ liegt also in der Größenordnung der beiden nächsten, weggelassenen Glieder.

Für kleine Werte von x werden diese schon für niedrige Werte von k kleiner als die gewünschte Genauigkeit sein und somit den Abbruchfehler hinreichend klein werden lassen. Bei der so erhaltenen Näherungsformel handelt es sich um eine Summe positiver Summanden welche ohne subtraktive Auslöschung berechnet werden kann. □

Aufgabe 1.21: Der Ausdruck

$$f(x)=\frac{x\cdot\sin x}{1-\cos x}$$

soll für Werte x nahe 0 ausgewertet werden. Wie läßt sich dies mit geringem Rundungsfehler machen?

Lösung: 1. Möglichkeit: Man führe für $\sin x$ und $\cos x$ die konvergente TAYLOR-Entwicklungen durch. Diese sind

$$1-\cos x = 1-\left(1-\frac{x^2}{2!}+\frac{x^4}{4!}-\ldots = \frac{x^2}{2!}-\frac{x^4}{4!}+\ldots\right)$$

$$\sin x = x-\frac{x^3}{3!}+\frac{x^5}{5!}-\ldots$$

und können wegen ihrer gleichmäßigen Konvergenz für alle Werte von x in die obige Formel für $f(x)$ eingesetzt werden. Dies ergibt

$$f(x)=\frac{1-x^2/3!+x^4/6!-\ldots}{1/2!-x^2/4!+x^4/6!-\ldots}$$

Für betragskleine Werte von x (in der Nähe von 0) kann man die Entwicklungen in Zähler und Nenner dieses rationalen Ausdruckes schon nach wenigen Gliedern abbrechen und so eine rationale Funktion als ausreichend gute Näherung für $f(x)$ erhalten. Diese enthält keine subtraktive Auslöschung für die besagten Werte von x.

2. Möglichkeit: Man benutze die trigonometrischen Formeln für die folgenden Umformungen. Wegen

$$\sin^2 x+\cos^2 x = 1$$

gilt

$$\frac{x\sin x}{1-\cos x}=\frac{x\cdot\sin x(1+\cos x)}{(\sin x)^2}=\frac{x(1+\cos x)}{\sin x}$$

und man mache dann analog wie bei der ersten Möglichkeit eine TAYLOR-Entwicklung für $\frac{x}{\sin x}$ nach Potenzen von x. Dies ergibt die gemischte Formel

$$f(x)=\frac{(1+\cos x)}{1-x^2/3!+x^4/5!-\ldots},$$

welche aus ähnlichen Gründen wie vorher wieder auf einen genaueren Ausdruck für besagte Werte von x führt. □

§ 2 Polynome und Interpolation

2.1 Polynome

Ein Polynom ist definiert durch den Funktionsausdruck

$$p(x) = a_n x^n + a_{n-1} x^{n-1} + \ldots + a_0 .$$

Wir wollen hier grundsätzlich eine reelle Variable $x \in \mathbb{R}$ und reelle Koeffizienten $a_i \in \mathbb{R},\ 0 \le i \le n$ voraussetzen. Diese Darstellung bestimmt das Polynom p im Falle $a_n \ne 0$ eindeutig. Die Ableitung eines Polynoms ergibt sich als

$$p'(x) = n \cdot a_n x^{n-1} + (n-1) a_{n-1} x^{n-2} + \ldots + a_1$$

und eine Stammfunktion als

$$\int p(x) dx = \frac{a_n}{(n+1)} x^{n+1} + \frac{a_{n-1}}{n} x^n + \ldots + a_0 x + C .$$

Ein häufig verwendetes Verfahren zur Berechnung des Wertes eines Polynoms p an der Stelle x ist das folgende HORNER-Schema:

$$p(x) = \left(\ldots \left(\left(\left(a_n x + a_{n-1} \right) x + a_{n-2} \right) x + \ldots + a_1 \right) x + a_0 \right)$$

2.2 Aufgaben zu Polynomen

Aufgabe 2.1: Ein Polynom vierten Grades

$$p(x) = Ax^4 + Bx^3 + Cx^2 + Dx + E$$

soll für einen bestimmten Koeffizientensatz oftmals ausgewertet werden. Neben dem HORNER-Schema kann man aber auch die Berechnungsvorschrift

$$p(x) = \left((z + x + c) z + d \right) e \text{ mit } z = (x + a) x + b$$

anwenden, wobei die Konstanten a, b, c, d, e in zu bestimmender Weise von den Koeffizienten A, B, C, D, E abhängen.

Man vergleiche die Anzahl der Rechenoperationen für beide Auswertungsvorschriften.

Lösung: Man setzt den Ausdruck für z in obige Formel ein und erhält

$$\begin{aligned} p(x) &= \left(\left(x^2+(a+1)x+c+b\right)\left(x^2+ax+b\right)+d\right)e \\ &= (x^4+(2a+1)x^3+\left(a^2+a+2b+c\right)x^2+(2ab+b+ac)x \\ &\qquad +d+b^2+cb)e \end{aligned}$$

Durch Koeffizientenvergleich mit der gegebenen Normaldarstellung ergibt sich sofort, daß $e=A$ sein muß. Ferner erhalten wir die Gleichungen:

$$\begin{aligned} &2a+1=\frac{B}{A} && \text{oder } a=\frac{1}{2}\left(\frac{B}{A}-1\right) \\ &a^2+a+2b+c=\frac{C}{A} && \text{oder } 2b+c=\frac{C}{A}-\frac{1}{2}\left(\frac{B}{A}-1\right)-\frac{1}{4}\left(\frac{B}{A}-1\right)^2 \\ &2ab+b+ac=\frac{D}{A} && \text{oder } \frac{B}{A}b+\frac{1}{2}\left(\frac{B}{A}-1\right)c=\frac{D}{A} \end{aligned}$$

Die letzen beiden Gleichungen stellen ein 2×2 Gleichungssystem für die Unbekannten b und c dar. Seine Lösung berechnet sich einfach als

$$\begin{aligned} b&=\frac{1}{2}\left[\frac{C}{A}+\frac{2D}{A}-\frac{B\cdot C}{A^2}+\frac{1}{2}\left(\frac{B}{A}-1\right)^2+\frac{1}{4}\left(\frac{B}{A}-1\right)^3\right] \\ c&=\frac{B\cdot C}{A^2}-\frac{2D}{A}-\frac{1}{4}\cdot\frac{B}{A}\cdot\left[\left(\frac{B}{A}\right)^2-1\right] \end{aligned}$$

Als letzte Bestimmungsgleichung ergibt sich dann

$$d+b^2+bc=\frac{E}{A} \text{ oder } d=\frac{E-b^2}{A}-b\cdot c \text{ } (b,\, c \text{ von oben eingesetzt}).$$

Das HORNER-Schema benötigt für eine Auswertung

4 Multiplikationen und 4 Additionen.

Das obige Schema dagegen benötigt

3 Multiplikationen und 5 Additionen.

(Bei Matrizenpolynomen zählen vor allem die Multiplikationen mit x, da sie Matrixmultiplikationen entsprechen. Hier ist das Verhältnis der beiden Verfahren 4:2.) □

Aufgabe 2.2: Im Hinblick auf Matrixpolynome betrachten wir die folgende Rechenvorschrift zur Auswertung von Polynomen:
Man berechne sich der Reihe nach die Potenzen x^2, x^3, x^4, ..., x^k. Jedes Polynom vom Grade $n = k \cdot m - 1$ läßt sich dann als Polynom vom Grade m in x^k mit Polynomen vom Grade $k-1$ als Koeffizienten darstellen. Letztere sind einfach Linearkombinationen der schon berechneten Potenzen. x^2, x^3, ..., x^{k-1}.

Man wende dieses Verfahren auf das HORNER-Schema an und schätze ab, von welcher Größenordnung an (Matrix-) Multiplikationen man dabei auskommen kann.

Lösung: Als HORNER-Schema geschrieben lautet das Polynom vom Grade n bei dieser Methode

$$\begin{aligned} a_{km-1}x^{km-1}+\ldots+a_1x+a_0 = (\ldots(&\left(a_{km-1}x^{k-1}+\ldots+a_{k(m-1)}\right)x^k \\ &+a_{k(m-1)-1}x^{k-1}+\ldots+a_{k(m-2)})x^k \\ &\ddots \\ &+\left(a_{2k-1}x^{k-1}+\ldots+a_{k+1}x+a_k\right)x^k \\ &+a_{k-1}x^{k-1}+\ldots+a_1x+a_0 \end{aligned}$$

Der Rechenaufwand an (Matrix-) Multiplikationen beträgt hierbei in der Größenordnung

$$k+m \approx k+\frac{n}{k}$$

Die Funktion $y = x+\frac{n}{x}$ nimmt, wie man leicht ermittelt, für $x=\sqrt{n}$ ihr Minimum an. Also wird diese Methode mindestens in der Größenordnung $2\sqrt{n}$ (Matrix-) Multiplikationen erfordern (bei $k=\sqrt{n}$). □

Aufgabe 2.3: Man leite eine Rechenvorschrift ab, welche gleichzeitig den Wert eines Polynoms p und seiner Ableitung p' berechnet und dabei für $p(x)$ das HORNER-Schema benutzt.

Lösung: Das HORNER-Schema gibt Anlaß zu folgender Rekursion:

$$\begin{aligned} &p_0 = a_n; \\ &p_i = p_{i-1} \cdot x + a_{n-i},\ 1 \le i \le n. \end{aligned}$$

Formal differenziert (und dabei $p_i = p_i(x)$ beachtet) ergibt

$$\begin{aligned} &p'_0 = 0; \\ &p'_i = p'_{i-1} \cdot x + p_i,\ 1 \le i \le n \end{aligned}$$

Beide Vorschriften lassen sich dann in einer gekoppelten Vorschrift zusammenfassen als

$$\begin{aligned} &p_0 = a_n;\ p'_0 = 0; \\ &p_i = p_{i-1} \cdot x + a_{n-i}; \\ &p'_i = p'_i \cdot x + p_i;\ 1 \le i \le n \\ &p(x) = p_n;\ p'(x) = p'_n. \ \square \end{aligned}$$

Aufgabe 2.4: Man führe für das HORNER-Schema eine Rundungsfehlerabschätzung durch und setze dabei voraus, daß alle Koeffizienten des Polynoms etwa vom gleichen Betrag sind. Was ergibt sich dabei für $|x| >> 1$? Wie läßt sich dieser Effekt durch Umformulierung der Rechenvorschrift abmildern?

Lösung: Die Rechenvorschrift des HORNER-Schemas lautet

$$\hat{p}_i = gl\left(gl(\hat{p}_{i-1} \cdot x) + a_{n-i}\right);\ i = 1,2,\ldots,n$$

Das ergibt mit 1.1 die Rundungsfehlerrekursion

$$\hat{p}_i = gl\left((\hat{p}_{i-1} \cdot x)(1+\varepsilon_i) + a_{n-i}\right) = \hat{p}_i \cdot (1+\varepsilon_i)(1+\eta_i) + a_{n-i}(1+\eta_i)$$

Durch vollständige Induktion zeigt man, daß der berechnete Polynomwert die Darstellung

$$\hat{p} = \hat{p}_n = a_n x^n \omega_{2n} + a_{n-1} x^{n-1} \omega_{2n-1} + \ldots + a_1 x \omega_3 + a_0 \cdot \omega_1$$

besitzt, wobei ω_k ein Produkt aus k Linearfaktoren der Art $1+\varepsilon$ mit einem ε der Größe $|\varepsilon| \leq \alpha \cdot 10^{1-l}$ darstellt. Durch Anwendung der WILKINSONschen Abschätzung aus 1.1 erhalten wir dann für $2n \cdot \alpha \cdot 10^{1-l} < 0.1$ folgendes Ergebnis:

$$|\hat{p} - p(x)| \leq \left[2n|a_n x^n| + (2n-1)|a_{n-1}x^{n-1}| + \ldots + 3|a_1 x| + |a_0|\right] \cdot \alpha \cdot 1.06 \cdot 10^{1-l}$$

Falls für die Koeffizienten a_i des Polynoms gilt, daß

$$|a_i| \approx \max_{0 \leq j \leq n} |a_j| = a$$

ist, dann folgt weiter

$$|\hat{p} - p(x)| \leq \left[2n|x^n| + (2n-1)|x^{n-1}| + \ldots + 3|x| + 1\right] \cdot a \cdot \alpha \cdot 1.06 \cdot 10^{1-l}$$

ohne wesentliche Vergröberung der Abschätzung.
Für große Werte von $|x|$, also $|x| >> 1$ wird die Größe der Schranke aber durch den dominanten Summanden $2n|x^n|$ bestimmt. Der Rundungsfehler fällt ins Gewicht.

Man kann das Argument im Betrag verkleinern, indem man den Wert des Ausdrucks

$$p(x) = x^n \cdot p\left(\frac{1}{x}\right)$$

mit dem HORNER-Schema berechnet. Dabei fällt der Wert von $\left|\frac{1}{x}\right|$ sehr klein aus. Allerdings kommen noch Rundungsfehler bei der dabei nötigen Berechnung von x^n hinzu. Auch bezüglich des erforderlichen Rechenaufwandes ist deshalb in diesem Falle die naive Auswertung des Polynomausdruckes $p(x)$ vorzuziehen, da sie in diesem Falle gegenüber dem HORNER-Schema ein günstigeres Rundungsfehlerverhalten zeigt (siehe [10]). □

2.3 Polynominterpolation

Die Interpolationsaufgabe zur Bestimmung eines Polynoms p höchstens vom Grade n mit der Eigenschaft

$$p(x_i) = f_i,\ 0 \le i \le n$$

für $n+1$ paarweise verschiedenen Punkten $x_1, x_2, \ldots, x_n$ $\left(x_i \neq x_j \text{ für } i \neq j\right)$ ist eindeutig lösbar.

LAGRANGE-Formeln:

$$p(x) = \sum_{k=0}^{n} f_k \cdot l_k(x)$$

mit den LAGRANGE-Grundpolynomen

$$l_k(x) = \prod_{\substack{j=0 \\ j \neq k}}^{n} \frac{(x - x_j)}{(x_k - x_j)},\ 0 \le k \le n$$

NEWTONsche Formeln:

$$p(x) = N_0 + N_1(x - x_0) + N_2(x - x_0)(x - x_1) + \ldots + N_n(x - x_0)\ldots(x - x_{n-1})$$

wobei die Koeffizienten N_k dividierte Differenzen sind und sich rekursiv mit Hilfe der Vorschrift

$$f[x_i] = f(x_i),$$
$$f[x_i, x_{i+1}, \ldots, x_{i+k}] = \frac{f[x_{i+1}, \ldots, x_{i+k}] - f[x_i, \ldots, x_{i+k-1}]}{x_{i+k} - x_i},\ k = 1, 2, \ldots$$

berechnen lassen. Dabei ist dann

$$N_k = f[x_0, x_1, \ldots, x_k].$$

Sind die Werte f_i Funktionswerte $f(x_i)$ einer im durch die Punkte $x_0, x_1, \ldots, x_n$ bestimmten Intervall $n+1$ mal stetig differenzierbaren Funktion, dann gilt die Fehlerformel

$$f(x) - p(x) = \frac{f^{(n+1)}(\xi)}{(n+1)!} \prod_{k=0}^{n} (x - x_k) \text{ für ein } \xi \text{ aus diesem Intervall.}$$

Etwas allgemeiner ist die HERMITE-Interpolation. Bei ihr wird die Interpolationsbedingung

$$p^{(j)}(x_i) = f_{ij},\ 0 \le j \le k_i - 1,\ 0 \le i \le n$$

an den wiederum paarweise verschiedenen Punkten $x_0, x_1, \ldots, x_n$ ($x_i \ne x_j$ für $i \ne j$) gestellt. Auch diese Aufgabe ist mit einem Polynom höchstens vom Grade $m = \sum_{i=0}^{n} k_i - 1$ eindeutig lösbar. Unter den analogen Voraussetzungen wie bei der einfachen Interpolation gilt hier die Fehlerformel

$$f(x) - p(x) = \frac{f^{(m+1)}(\xi)}{(m+1)!} \prod_{i=0}^{n} (x - x_i)^{k_i}$$

2.4 Aufgaben zur Polynominterpolation

Aufgabe 2.5: Man zeige, daß für die LAGRANGE-Grundpolynome

$$l_k(x) = \prod_{\substack{i=0 \\ i \ne k}}^{n} \frac{x - x_i}{x_k - x_i},\quad 0 \le k \le n$$

gilt: $\sum_{k=0}^{n} l_k(x) \equiv 1$.

Lösung: Wir interpolieren die Funktion $f \equiv 1$ an den Stellen $x_0, x_1, \ldots, x_n$ und erhalten dafür die Aussage $\sum_{k=0}^{n} l_k(x) = 1$, da das konstante Polynom $f \equiv 1$ exakt durch die Interpolation beschrieben wird. □

Aufgabe 2.6: Ein Polynom p vom Grade n sei gegeben. Welchen Wert hat dafür die dividierte Differenz $p[x_1, x_2, \ldots, x_{n+2}]$?

Lösung: Die dividierte Differenz $p[x_1, x_2, \ldots, x_{n+2}] = N_{n+1}$ tritt als höchster Koeffizient des Interpolationspolynoms q zu p vom Grade höchstens $n+1$ auf (in der NEWTONschen Formel). Da q aber nur den Grad n besitzen kann, weil es mit p übereinstimmen muß, so gilt $N_{n+1} = 0$ und damit auch $p[x_1, \ldots, x_{n+2}] = 0$. □

Aufgabe 2.7: Es wird vermutet, daß die folgende Tabelle

x	-2	-1	0	1	2	3
y	1	4	11	16	13	-4

die Wertetabelle eines kubischen Polynoms ist. Wie kann das überprüft werden?

Lösung: Man stelle mit Hilfe der ersten vier Stützpunkte ein kubisches Interpolationspolynom auf, das im Falle der Richtigkeit der Vermutung mit dem fraglichen Polynom übereinstimmen muß. Man braucht also das Interpolationspolynom dann nur an den beiden restlichen Stellen mit der Tabelle zu vergleichen.

Eine alternative Lösungsmöglichkeit ist aber die Berechnung der dividierten Differenzen der Tabelle. Bei einer Wertetabelle müssen wegen Aufgabe 2.6 die fünften dividierten Differenzen identisch 0 sein, d. h. die vierten dividierten Differenzen müssen konstant sein.

Wir beschreiten den ersten Weg. Die LAGRANGE-Formeln liefern

$$\begin{aligned} p(x) &= \frac{(x+1)\cdot x\cdot(x-1)}{(-1)(-2)(-3)} + 4\frac{(x+2)x(x-1)}{1\cdot(-1)(-2)} + 11\cdot\frac{(x+2)(x+1)(x-1)}{2\cdot 1\cdot(-1)} \\ &\quad +16\cdot\frac{(x+2)(x+1)x}{3\cdot 2\cdot 1} \end{aligned}$$

Der Wert $x=2$ in dieses Polynom eingesetzt ergibt

$$\begin{aligned} p(2) &= \frac{3\cdot 2\cdot 1}{-6} + 4\cdot\frac{4\cdot 2\cdot 1}{2} + 11\cdot\frac{4\cdot 3\cdot 1}{-2} + 16\cdot\frac{4\cdot 3\cdot 2}{-6} \\ &= -1+16-66+64 = 13 \end{aligned}$$

was eine Übereinstimmung mit der Tabelle darstellt.

Analog berechnet sich der Wert dieses Polynoms an der Stelle $x=3$ als

$$\begin{aligned} p(3) &= \frac{4\cdot 3\cdot 2}{-6} + 4\cdot\frac{5\cdot 3\cdot 2}{2} + 11\cdot\frac{5\cdot 4\cdot 2}{-2} + 16\cdot\frac{5\cdot 4\cdot 3}{6} \\ &= -4+60-220+160 = -4 \end{aligned}$$

was eine Übereinstimmung mit der Tabelle bringt. Somit handelt es sich um die Wertetabelle eines kubischen Polynoms. □

Aufgabe 2.8: Das Polynom

$$p(x) = x^4 - x^3 + x^2 - x + 1$$

nimmt die folgenden Werte an:

x	-2	-1	0	1	2	3
$p(x)$	31	5	1	1	11	61

Man bestimme mit möglichst wenig Arbeitsaufwand ein Polynom q das die Werte

x	-2	-1	0	1	2	3
$q(x)$	31	5	1	1	11	30

annimmt. q braucht nicht in Normalform bestimmt werden.

Lösung: Wir betrachten dazu das Polynom

$$r(x) = p(x) - q(x)$$

Es hat die Nullstellen -2, -1, 0, 1 und 2, da $p(x_i) = q(x_i)$ an diesen Stellen gilt. Außerdem ist $r(3) = 31$. Damit erhält man für $r(x)$ die folgende Wertetabelle:

x	-2	-1	0	1	2	3
$r(x)$	0	0	0	0	0	31

Nach der LAGRANGE-Formel ergibt sich dafür einfach der Ausdruck

$$r(x) = 31 \cdot \frac{(x+2)(x+1) \cdot x \cdot (x-1)(x-2)}{5 \cdot 4 \cdot 3 \cdot 2 \cdot 1}$$

Wir erhalten also in nicht normalisierter Darstellung das Polynom

$$\begin{aligned} q(x) = p(x) - r(x) &= x^4 - x^3 + x^2 - x + 1 \\ &\quad -31 \cdot \frac{(x+2)(x+1)x(x-1)(x-2)}{120} \end{aligned}$$ □

Aufgabe 2.9: Für $n+1$ paarweise verschiedene Stützstellen $x_0, x_1, \ldots, x_n$ beweise man die Gleichheit

$$f[x_0, x_1, \ldots, x_n] = \sum_{i=0}^{n} f(x_i) \prod_{\substack{j=0 \\ j \neq i}}^{n} (x_i - x_j)^{-1}$$

bei beliebiger Funktion f.

Lösung: $f[x_0, x_1, \ldots, x_n] = N_n$ tritt als höchster Koeffizient beim eindeutig bestimmten Interpolationspolynom p in Normaldarstellung zu den Werten $(x_i, f(x_i))$ auf.

Der höchste Koeffizient der LAGRANGE-Formel aber ergibt sich aus Gradbetrachtungen als

$$\sum_{i=0}^{n} f(x_i) \prod_{\substack{j=0 \\ j \neq i}}^{n} (x_i - x_j)^{-1}$$

wenn man die Umordnung nach Potenzen von x ins Auge faßt. Da das Polynom eindeutig bestimmt ist, müssen beide Darstellungen übereinstimmen. Es ergibt sich die Behauptung. □

Aufgabe 2.10: Das Polynom g interpoliere die Funktion f an den paarweise verschiedenen Stützstellen $x_0, x_1, \ldots, x_{n-1}$ und das Polynom h an den Stützstellen $x_1, x_2, \ldots, x_n$. Man zeige, daß das Polynom

$$q(x) = g(x) + \frac{x_0 - x}{x_n - x_0}[g(x) - h(x)]$$

die Funktion an den Stützstellen $x_0, x_1, \ldots, x_n$ interpoliert.

Lösung: Für die Stützstellen $x_1, x_2, \ldots, x_{n-1}$ gilt

$$f(x_i) = g(x_i) = h(x_i) \text{ also } g(x_i) - h(x_i) = 0.$$

Damit ergibt sich für diese Stützstellen $q(x_i) = g(x_i) = f(x_i)$. Für x_0 erhalten wir

$$q(x_0) = g(x_0) + 0 = f(x_0)$$

und für x_n erhalten wir

$$q(x_n) = g(x_n) + (-1)(g(x_n) - h(x_n)) = h(x_n) = f(x_n). \ \square$$

Aufgabe 2.11: Man zeige, daß für jedes Polynom q mit Grad $\le n-1$ gilt:

$$\sum_{i=0}^{n} q(x_i) \prod_{\substack{j=0 \\ j \ne i}}^{n} (x_i - x_j)^{-1} = 0$$

Dabei seien $x_0, x_1, \ldots, x_n$ paarweise verschiedene Stützstellen.

Lösung: Nach Aufgabe 2.9 ist für die Funktion q die linke Seite der Gleichung gleich $q[x_0, x_1, \ldots, x_n]$. Da aber q ein Polynom vom Grade $\le n-1$ ist, folgt aus Aufgabe 2.6, daß diese dividierte Differenz gleich 0 ist. □

Aufgabe 2.12: Für ein Polynom p vom Grad n mit höchstem Koeffizienten 1 und für Stützstellen $x_1, x_2, \ldots, x_n$ ($x_i \ne x_j$ für $i \ne j$) zeige man die Identität

$$p(x) = \sum_{j=1}^{n} \frac{p(x_j)}{q'(x_j)} \prod_{k \ne j} (x - x_k) + q(x)$$

wobei

$$q(x) = \prod_{i=1}^{n} (x - x_i)$$

sei.

Lösung: Die rechte Seite der Gleichung stellt ein Polynom vom Grad n mit höchstem Koeffizienten 1 dar. Ferner gilt offenbar $q(x_i) = 0$ für $1 \le i \le n$. Da ferner

$$q'(x_j) = \prod_{\substack{i=1 \\ i \ne j}}^{n} (x_j - x_i)$$

ist, folgt für $x_i, 1 \le i \le n$

$$p(x_i) = \sum_{j=1}^{n} \frac{p(x_j)}{q'(x_j)} \prod_{k \neq j} (x_i - x_k) = \frac{p(x_i)}{q'(x_i)} \prod_{k \neq i} (x_i - x_k)$$

Da aber ein Polynom vom Grad n mit höchstem Koeffizienten 1 durch n Punkte eindeutig bestimmt ist, gilt die behauptete Gleichheit. □

Aufgabe 2.13: Man schätze den Wert des maximalen Fehlers $|f(x) - p(x)|$ ab, wenn p das lineare Interpolationspolynom an den Stellen x_0 und x_1 mit $x_0 < x_1$ ist.

Lösung: Nach der Restgliedformel ergibt sich für den Interpolationsfehler der Ausdruck

$$|f(x) - p(x)| = \frac{|f^{(2)}(\xi)|}{2} |(x - x_0)(x - x_1)|$$

Das Produkt $(x - x_0)(x - x_1)$ nimmt seinen betragsmäßig größten Wert aus Symmetriegründen auf dem Intervall $[x_0, x_1]$ im Mittelpunkt

$$x_m = (x_0 + x_1)/2$$

an. Dieser Wert ist aber gleich $\frac{(x_1 - x_0)^2}{4}$. Es ergibt sich dann die Abschätzung

$$|f(x) - p(x)| \leq \frac{M}{8}(x_1 - x_0)^2 \text{ mit } M = \max_{x \in [x_0, x_1]} |f^{(2)}(x)|. \; \square$$

Aufgabe 2.14: An den drei Stützstellen x_0, x_1 und x_2 mit $x_0 < x_1 < x_2$ sei p das interpolierende quadratische Polynom zur Funktion f. Man schätze den maximalen Interpolationsfehler dafür geeignet ab.

Lösung: Das Restglied bei dieser Interpolation lautet

$$|f(x) - p(x)| = \frac{|f^{(3)}(\xi)|}{6} |(x - x_0)(x - x_1)(x - x_2)|$$

Wegen der Translationsinvarianz des Maximums und wegen der Symmetrie der beiden äußeren Linearfaktoren können wir uns auf die Wahl der Stützstellen

$x_0 = -h$, $x_1 = 0$ und $x_2 = h$ beschränken. Da die Funktion $x(x^2 - h^2)$ ihre Extrema an den Stellen $x^{(1)} = h/\sqrt{3}$ und $x^{(2)} = -h/\sqrt{3}$ annimmt, erhalten wir dann für den maximalen Betrag dort $\frac{2\sqrt{3}}{9}h^3$. Wir erhalten somit die Abschätzung

$$|f(x) - p(x)| \le \frac{M\sqrt{3}}{216}(x_2 - x_0)^3 \text{ mit } M = \max_{x \in [x_0, x_2]} |f^{(3)}(x)|. \ \square$$

Aufgabe 2.15: Welche Bedingungen müssen die Stützstellen x_0 und x_1 erfüllen, wenn die Interpolationsaufgabe

$$p(x_i) = c_{i0},\ p''(x_i) = c_{i2},\ i = 0, 1$$

für ein kubisches Polynom für beliebige c_{ij} lösbar sein soll?

Lösung: Wir machen den Ansatz

$$p(x) = ax^3 + bx^2 + cx + d,\ (p''(x) = 6ax + 2b)$$

Es ergeben sich folgende Bedingungsgleichungen:

$$\begin{aligned} ax_0^3 + bx_0^2 + cx_0 + d &= c_{00}, \quad 6ax_0 + 2b = c_{20} \\ ax_1^3 + bx_1^2 + cx_1 + d &= c_{10}, \quad 6ax_1 + 2b = c_{21} \end{aligned}$$

Die beiden rechten linearen Gleichungen besitzen für $x_0 \ne x_1$ stets eine Lösung für a und b. Diese eingesetzt in die linken beiden Gleichungen ergibt wiederum ein stets lösbares lineares Gleichungssystem für c und d, welches dann auch stets lösbar ist. □

Aufgabe 2.16: Man löse die Interpolationsaufgabe

$$p(x_i) = f_i,\ i = 1, 2 \text{ mit } x_1^2 \ne x_2^2$$

für ein Polynom der Gestalt

$$p(x) = a_0 + a_1 x^2$$

Lösung: Die Interpolationsbedingungen, eingesetzt in den Ansatz, ergeben die Gleichungen

$$\begin{aligned} a_0 + a_1 x_1^2 &= f_1 \\ a_0 + a_1 x_2^2 &= f_2 \end{aligned} \quad \text{oder } a_1 = \frac{f_1 - f_2}{x_1^2 - x_2^2},\ a_0 = f_1 - \frac{f_1 - f_2}{x_1^2 - x_2^2} x_1^2$$

Dies ergibt die Funktion

$$p(x) = \frac{f_2 x_1^2 - f_1 x_2^2}{x_1^2 - x_2^2} + \frac{f_1 - f_2}{x_1^2 - x_2^2} x^2 . \square$$

Aufgabe 2.17: Man stelle zum Stützpunkt x_0 das HERMITE-Interpolationspolynom p auf, für welches

$$p^{(j)}(x_0) = f^{(j)}(x_0),\ 0 \le j \le k$$

gilt.

Lösung: Das fragliche Polynom ergibt sich als Teil der TAYLOR-Reihe von f an der Stelle $x = x_0$. Es lautet

$$p(x) = f(x_0) + \frac{f'(x_0)}{1!}(x - x_0) + \ldots + \frac{f^{(k)}(x_0)}{k!}(x - x_0)^k . \square$$

Aufgabe 2.18: Das HERMITE-Interpolationspolynom zur Interpolationsbedingung

$$p(x_i) = f(x_i),\ p'(x_i) = f'(x_i),\ 0 \le i \le n$$

läßt sich schreiben als

$$p(x) = \sum_{i=0}^{n} \left[1 - 2 \cdot l'_i(x_i)(x - x_i)\right] l_i^2(x) f(x_i) + \sum_{i=0}^{n} (x - x_i) l_i^2(x) f'(x_i)$$

wobei $l_i(x)$ die LAGRANGE-Grundpolynome sind. Man beweise diese Darstellung.

Lösung: Das Polynom auf der rechten Seite der Gleichung ist offenbar vom Grad $2n+1$. Wir zeigen zunächst, daß die rechte Seite für $x = x_j$, $0 \le j \le n$ den Wert $f(x_j)$ annimmt. Das ist aber der Fall, da für $i \ne j$ in allen Summanden $l_i(x_j) = 0$ vorkommt und damit nur noch der folgende Ausdruck übrig bleibt:

$$p(x_j) = [1 - 2 \cdot l'_i(x_i) \cdot 0] \cdot 1 \cdot f(x_j) + 0 = f(x_j)$$

Nun wollen wir noch zeigen, daß die erste Ableitung der rechten Seite für $x = x_j$, $0 \le j \le n$ dem Wert $f'(x_j)$ annimmt. Dazu bemerken wir, daß $l_i(x)$ ein Faktor der Ableitung der Summanden in der ersten Summe ist. Deshalb müssen diese Ableitungen für $x = x_j$ mit $i \ne j$ verschwinden. Ferner gilt für $i = j$ dann

$$-2 \cdot l'_i(x_i) \cdot l_i^2(x_i) f(x_i) + [1 - 0] \cdot 2 \cdot l_i(x_i) \cdot l'_i(x_i) \cdot f(x_i) = 0$$

Also verschwindet die Ableitung der ersten Summe für alle $x = x_i$, $0 \le i \le n$. In der zweiten Summe ergeben die Ableitungen der einzelnen Summanden an der Stelle $x = x_j$

$$[l_i^2(x_j) + (x_j - x_i) 2 \cdot l_i(x_j) l'_i(x_j)] f'(x_i)$$

Der Wert dieses Ausdruckes ist aber gleich 0 für $j \ne i$ und $f'(x_j)$ für $i = j$. Damit ist $p(x_j) = f'(x_j)$.

Da die Interpolationsbedingung das Polynom eindeutig bestimmt, ist alles gezeigt. □

2.5 Spline-Interpolation

Wir betrachten hier kubische Spline-Funktionen. Es seien die n paarweise verschiedenen Knotenpunkte

$$a = x_1 < x_2 < x_3 < \ldots < x_n = b$$

und die Folge von Werten $f_1, f_2, \ldots, f_n$ gegeben. Die kubische Spline-Funktion $s(x)$ auf dem Intervall $[a, b]$ ist definiert durch die folgenden Eigenschaften:

(1) $s(x_k) = f_k$, $1 \le k \le n$ (Interpolationseigenschaft).

(2) $s(x)$, $s'(x)$ und $s''(x)$ sind stetig in $[a, b]$.

(3) In jedem der Teilintervalle $[x_k, x_{k+1}], 1 \le k \le n-1$ ist $s(x)$ ein kubisches Polynom.

(4) Es gilt $s''(a) = s''(b) = 0$ (Randbedingung bei natürlichen kubischen Splines).

Der kubische Spline ist durch diese Bedingung eindeutig definiert.

Als relativ einfache Approximationsfehlerformel ergibt sich bei gleichabständigen Knotenpunkten, d. h. bei $x_{k+1} - x_k = h,\ 1 \le k \le n-1$ und bei Funktionswerten $f_i = f(x_i), 1 \le i \le n$ einer zweimal in $[a,b]$ stetig differenzierbaren Funktion f die Abschätzung

$$|f(x) - s(x)| \le \frac{7}{8} \cdot h^2 \cdot \max_{a \le x \le b} |f''(x)|$$

(siehe [10]).

2.6 Aufgaben zur Spline-Interpolation

Aufgabe 2.19: Man entscheide ob die Funktion

$$f(x) = \begin{cases} x^3 + x & \text{für} \quad a \le x \le 0 \\ x^3 - x & \text{für} \quad b \ge x \ge 0,\ a < 0 < b \end{cases}$$

ein kubischer Spline ist.

Lösung: $f(x)$ ist, auf $[a, 0]$ und auf $[0, b]$, jeweils ein kubisches Polynom. Es sind also nur für $x = 0$ die Forderungen (2) nachzuprüfen. Da $f(0) = 0$ in beiden Fällen gilt, handelt es sich um eine stetige Funktion. Es ist aber $f'(0)$ rechtsseitig -1 und linksseitig $+1$, also ist $f'(x)$ an der Stelle $x = 0$ unstetig. Somit ist f kein kubischer Spline. □

Aufgabe 2.20: Die Funktion

$$f(x) = x^2 \sin x + \exp(x^2) \cos x$$

soll durch eine (natürliche) kubische Spline-Funktion über dem Intervall $[-\pi,\pi]$ mit gleichmäßigen Knotenabständen approximiert werden. Wieviel Knotenpunke müssen verwendet werden, damit der Approximationsfehler kleiner als 10^{-6} ist?

Lösung: Man bestimmt sich zunächst den Ausdruck für f''. Dieser ergibt sich aus

$$f'(x) = 2x\sin x + x^2\cos x + 2x\exp(x^2)\cos x - \exp(x^2)\sin x$$

als

$$f''(x) = 2\sin x + 4x\cos x - x^2\sin x + 4x^2\exp(x^2)\cos x$$
$$-4x\exp(x^2)\sin x + \exp(x^2)\cos x$$

Eine grobe Abschätzung kann mit Hilfe der Dreiecksungleichung durchgeführt werden und ergibt

$$|f''(x)| \le |2x| + |4x| + x^2 + 4x^2\exp(x^2) + |4x|\cdot\exp(x^2) + \exp(x^2)$$

da $|\sin x| \le 1$ und $|\cos x| \le 1$ gilt. Damit haben wir aber für die in $|x|$ monotone rechte Seite die obere Schranke

$$|f''(x)| \le 6\pi + \pi^2 + 4\pi^2\exp(\pi^2) + 4\pi\cdot\exp(\pi^2) + \exp(\pi^2) \approx 1083582$$

Aus der Fehlerformel ergibt sich nun die Bedingung

$$\frac{7}{8}h^2\cdot 1083582 < 10^{-6}$$

oder

$$h < \sqrt{\frac{8}{7}\frac{1}{1083582}\cdot 10^{-6}} \approx 1.03\cdot 10^{-6}. \ \square$$

Aufgabe 2.21: Man bestimme alle Werte von a, b, c, d, e für welche die folgende Funktion ein kubischer Spline ist:

$$f(x)=\begin{cases} a(x-2)^2+b(x-1)^3 & \text{für} \quad x\in(-\infty,1] \\ c(x-2)^2 & \text{für} \quad x\in[1,3] \\ d(x-2)^2+e(x-3)^3 & \text{für} \quad x\in[3,+\infty) \end{cases}$$

Danach bestimme man die Werte der Parameter so, daß der kubische Spline folgende Interpolationsaufgabe löst:

x	0	1	4
y	26	7	25

Lösung: Zunächst beobachten wir, daß die in der stückweisen Definition vorkommenden Terme $(x-1)^3$ bzw. $(x-3)^3$ einschließlich ihrer ersten beiden Ableitungen an den jeweiligen Übergangsstellen verschwinden und daher keinen Einfluß auf die Stetigkeitsbedingungen haben. Somit sind b und e von vorne herein beliebig wählbar. Da der übrige Term jeweils aus dem Ausdruck $(x-2)^2$ bzw. einem Vielfachen davon besteht, kann die zusammengesetzte Funktion nur dann stetig sein, wenn der Parameter davor jeweils gleich ist, d. h. wenn es sich jeweils um den gleichen Ausdruck handelt. Also folgt notwendig: $a=c=d$. Man sieht unmittelbar ein, daß diese Wahl auch hinreichend ist.
Das Erfülltsein der Interpolationsbedingungen bringt folgende Gleichungen: $4a-b=26$, $a=7$, $4d+e=25$.

Die Lösungen dafür lauten einfach: $a=c=d=7$, $b=2$, $e=-3$. □

§ 3 Numerische Differentiation und RICHARDSON-Extrapolation

3.1 Numerische Differentiation

Es gibt mehrere Konstruktionsmöglichkeiten für numerische Differentiationsformeln.

Eine Möglichkeit ist die Aufstellung von Differenzenquotienten der verschiedensten Art als diskrete Näherung für die Ableitung. Diese Formeln beruhen im Prinzip auf der Definition der Ableitung als

$$\lim_{h \to 0} \frac{f(x+h)-f(x)}{h} = f'(x)$$

und führen auf Formel der Gestalt

$$f'(x) \approx \frac{f(x+h)-f(x)}{h}$$

Die Fehlerabschätzung für derartige Formeln wird durch Ausnutzung der TAYLOR-Entwicklung von f gewonnen.

Eine zweite Möglichkeit ist das Approximationsprinzip durch Polynome: Man bestimmt das Interpolationspolynom durch einige nahe genug an der fraglichen Stelle x gelegenen Stützstellen. Dies faßt man dann als Approximation von f auf und benutzt die leicht berechenbare Ableitung des Interpolationspolynoms an der Stelle x als Approximation für $f'(x)$.
Formeln dieser Art haben die grundsätzliche Gestalt

$$f'(x) \approx \frac{\sum_{i=1}^{n} f(x_i) \cdot a_i}{h}$$

und da sie für $f \equiv 1$ exakt sein müssen, gilt $\sum_{i=1}^{n} a_i = 0$.

Den Formeltypen haftet jedoch von der Konstruktion her der Nachteil des Auftretens von subtraktiver Auslöschung an: Den ersten Formeln wegen der Differenzenbildung mit geringem Abzissenunterschied und den zweiten Formeln wegen der notwendigerweise auftretenden negativen Gewichte unter den a_i. Bei kleinen Werten von h oder bei höherem Grad des Approximationspolynoms tritt ein völliger Genauigkeitsverlust auf, der prinzipiell bei dieser Art der Differentiation unvermeidbar ist.

Die dritte Möglichkeit zu numerischer Differentiation ist einem eigenen Abschnitt vorbehalten.

3.2 Aufgaben zur Numerischen Differentiation

Aufgabe 3.1: Die Werte einer Funktion seien an drei Punkten x_1, x_2 und x_3 gegeben. Man benutze ein quadratisches Interpolationspolynom zur Approximation von f' an der Stelle $x=(x_1+x_2)/2$ und gebe dazu die entsprechende Formel an.

Lösung: Man bestimmt am besten das Interpolationspolynom in der NEWTONschen Darstellung. Dieses lautet:

$$p(x)=f(x_1)+N_1(x-x_1)+N_2(x-x_1)(x-x_2)$$

mit den dividierten Differenzen N_1 und N_2 nach Abschnitt 2.1. Die Stelle $x=(x_1+x_2)/2$ in die Ableitung von p

$$p'(x)=N_1+N_2(2x-x_1-x_2)$$

eingesetzt ergibt den Wert $p'(x)=N_1=\dfrac{f(x_2)-f(x_1)}{x_2-x_1}\approx f'((x_1+x_2)/2)$. □

Aufgabe 3.2: Man leite eine Fehlerformel für die folgende Näherungsvorschrift zur Berechnung der zweiten Ableitung

$$f''(x)\approx\frac{f(x+h)-2f(x)+f(x-h)}{h^2}=D$$

her.

Lösung: Man entwickelt die Funktion an der Stelle x in eine TAYLOR-Reihe und zwar als

$$f(x+h)=f(x)+f'(x)h+\frac{f''(x)}{2}h^2+\frac{f^{(3)}(x)}{6}h^3+\frac{f^{(4)}(\xi)}{24}h^4$$
$$f(x-h)=f(x)-f'(x)h+\frac{f''(x)}{2}h^2-\frac{f^{(3)}(x)}{6}h^3+\frac{f^{(4)}(\eta)}{24}$$

Diese eingesetzt in die obige Formel ergibt:

$$D=f''(x)+\frac{1}{12}f^{(4)}(\zeta)\cdot h^2$$

wobei nach dem Zwischenwertsatz $f^{(4)}(\zeta)=\frac{1}{2}\left(f^{(4)}(\xi)+f^{(4)}(\eta)\right)$ benutzt wurde. □

Aufgabe 3.3: Man leite die Näherungsformel

$$f'(x_n)\approx\frac{3f(x_n)-4f(x_{n-1})+f(x_{n-2})}{3x_n-4x_{n-1}+x_{n-2}}$$

her und zeige, daß der Approximationsfehler bei

$$x_k=x_0+kh$$

für $h\to 0$ proportional zu h^2 ist.

Lösung: Man bestimmt hier am besten das quadratische Interpolationspolynom an den drei Punkten x_n, x_{n-1} und x_{n-2} mit Hilfe des LAGRANGE-Ansatzes. Dabei ergibt sich

$$p(x)=f(x_n)\frac{(x-x_{n-1})(x-x_{n-2})}{(x_n-x_{n-1})(x_n-x_{n-2})}+f(x_{n-1})\frac{(x-x_n)(x-x_{n-2})}{(x_{n-1}-x_n)(x_{n-1}-x_{n-2})}$$
$$+f(x_{n-2})\frac{(x-x_n)(x-x_{n-1})}{(x_{n-2}-x_n)(x_{n-2}-x_{n-1})}$$

Als Ausdruck für $p'(x_n)$ ergibt sich dann

$$p''(x_n) = f(x_n)\frac{(2x_n - x_{n-1} - x_{n-2})}{(x_n - x_{n-1})(x_n - x_{n-2})} + f(x_{n-1})\frac{x_n - x_{n-2}}{(x_{n-1} - x_n)(x_{n-1} - x_{n-2})}$$
$$+ f(x_{n-2})\frac{x_n - x_{n-1}}{(x_{n-2} - x_n)(x_{n-2} - x_{n-1})}$$

welcher vereinfacht die behauptete Formel ergibt.
Für $x_k = x_0 + kh$ ergibt die obige Formel den Approximationsfehler mit Hilfe von 2.3 von

$$f'(x_n) - \frac{3f(x_n) - 4f(x_{n-1}) + f(x_{n-2})}{3x_n - 4x_{n-1} + x_{n-2}} = \frac{1}{3!}f'''(\xi)\cdot\prod_{\substack{i=n-2\\ i\neq n}}^{n}(x_n - x_i)$$
$$= \frac{h^2}{3}f'''(\xi). \square$$

3.3 RICHARDSON-Extrapolation

Ausgehend von einer asymptotischen Entwicklung einer Näherungsformel $N(h)$ für die zu berechnende Größe M in der Gestalt

$$M = N(h) + a_1h^2 + a_2h^4 + \ldots$$

wobei dann $M = N(0)$ ist, aber $N(0)$ nicht berechnet werden kann, ergibt sich für die neue Näherungsformel

$$N_1(h) = \frac{1}{3}\left[4N\left(\frac{h}{2}\right) - N(h)\right]$$

jetzt die Entwicklung

$$M = N_1(h) + b_1h^4 + b_2h^6 + \ldots$$

Allgemein durchgeführt erhält man rekursiv die Näherungsformeln entsprechend hoher Ordnung durch die Konstruktion

$$N_k(h) = \frac{4^k N_{k-1}\left(\frac{h}{2}\right) - N_{k-1}(h)}{4^k - 1}$$

3.4 Aufgaben zur RICHARDSON-Extrapolation

Aufgabe 3.4: Die zu berechnende Größe M wird durch die Formel $N(h)$ mit Hilfe der folgenden Entwicklung approximiert:

$$M = N(h) + K_1 h + K_2 h^2 + K_3 h^3 + \ldots$$

Wie lautet für diesen Fall die RICHARDSON-Extrapolationsformel?

Lösung: $M = N\left(\frac{h}{2}\right) + K_1 \frac{h}{2} + K_2 \frac{h^2}{4} + K_3 \frac{h^3}{8} + \ldots$

ergibt mit Hilfe der ursprünglichen Entwicklung

$$M = \left[N\left(\frac{h}{2}\right) + \left(N\left(\frac{h}{2}\right) - N(h)\right)\right] - \frac{K_2}{2} h^2 - K_3 \cdot \frac{3}{4} h^3 - \ldots$$

also lautet die erste Formel $N_1(h) = N\left(\frac{h}{2}\right) + \left[N\left(\frac{h}{2}\right) - N(h)\right]$.

Durch induktive Fortsetzung der Rechnung ergibt sich dann

$$N_k(h) = N_{k-1}\left(\frac{h}{2}\right) + \frac{N_{k-1}(h/2) - N_{k-1}(h)}{2^{k-1} - 1},\ k \geq 2\ (N_0 = N).\ \square$$

Aufgabe 3.4: Für die zu berechnende Größe M existiere eine Näherungsformel $N(h)$ mit der Entwicklung

$$M = N(h) + K_1 h + K_2 h^3 + K_3 h^5 + \ldots$$

Man gebe dafür die RICHARDSON-Extrapolationsformel an.

Lösung: $M = N\left(\frac{h}{2}\right) + K_1 \frac{h}{2} + K_2 \frac{h^3}{8} + K_3 \frac{h^5}{32} + \ldots$

ergibt mit Hilfe der ursprünglichen Entwicklung

$$M = \left(N\left(\frac{h}{2}\right) - \frac{1}{2} N(h)\right) \cdot 2 - K_2 \frac{3}{4} h^3 - \ldots$$

also die Formel

$$N_1 = 2 \cdot N\left(\frac{h}{2}\right) - N(h)$$

Als nächstes ergibt sich

$$N_2(h) = \frac{8N_1\left(\frac{h}{2}\right) - N_1(h)}{7}$$

und allgemein durch induktiven Beweis

$$N_k = \frac{2^{2k-1} N_{k-1}\left(\frac{h}{2}\right) - N_{k-1}(h)}{2^{2k-1} - 1}, \; k \geq 1 \left(N_0 = N\right). \; \square$$

Aufgabe 3.5: Es soll $x = \lim_{n \to \infty} s_n$ berechnet werden, und es ist bereits

$$u = s_{10} \text{ und } v = s_{30}$$

berechnet worden. Außerdem kennt man den Zusammenhang

$$x = s_n + c \cdot n^{-3} \; (c \text{ unbekannte Konstante})$$

Wie läßt sich x durch u und v ausdrücken?

Lösung: Es gelten

$$x = u + c \cdot 10^{-3} \text{ und } x = v + \frac{c}{27} 10^{-3}$$

Daraus läßt sich die Unbekannte c eliminieren. Dies ergibt

$$x = \frac{27v - u}{26}. \; \square$$

Aufgabe 3.6: Eine zu berechnende Größe L besitze die Approximation x_n mit der Entwicklung

$$L = x_n + a_1 n^{-1} + a_2 n^{-2} + a_3 n^{-3} + \ldots$$

Man führe das Extrapolationsprinzip mit Hilfe der Näherungen x_n und x_{2n} durch.

Lösung: $L = x_{2n} + a_1 \frac{1}{2} n^{-1} + a_2 \frac{1}{4} n^{-2} + \ldots$

ergibt mit der ursprünglichen Entwicklung

$$L = 2x_{2n} - x_n - \frac{a_2}{2} n^{-2} - \ldots$$

also die bessere Näherungsformel

$$2 \cdot x_{2n} - x_n . \; \square$$

§ 4 Numerische Integration

4.1 NEWTON-COTES-Formeln

Die NEWTON-COTES-Formeln beruhen auf dem Approximationsprinzip. Man bestimmt dabei das Interpolationspolynom p zum Integranden über dem Integrationsintervall $[a,b]$ und integriert dieses dann explizit. Dieses berechenbare Integral dient dann als Näherung für das zu bestimmende Integral. Diese Art von Formeln haben die allgemeine Gestalt

$$\int_a^b f(x)dx \approx \sum_{i=0}^{n} \alpha_i f(x_i), \quad a = x_0 < x_1 < \ldots < x_n = b$$

wobei gelten muß, daß $\sum_{i=0}^{n} \alpha_i = b - a$ ist, da die Formel für die Funktion $f(x) \equiv 1$ exakt sein muß.

Als bekannteste Beispiele seien genannt:

Trapez-Regel: $\int_a^b f(x)dx \approx \frac{b-a}{2}(f(a) + f(b))$

SIMPSONsche Regel: $\int_a^b f(x)dx \approx \frac{b-a}{6}\left(f(a) + 4f((a+b)/2) + f(b)\right)$.

Man nimmt oft gleichabständige Stützstellen x_i, d. h. $x_k = x_0 + kh$, wobei dann $h = (b-a)/n$ ist.

Aufgrund der Additivität des Integrals bezüglich des Integrationsintervalles kann man auch solche Formeln auf Unterteilungen des Integrationsintervalles anwenden und erhält dabei sogenannte zusammengesetzte Formeln.

Als zusammengesetzte Trapezregel ergibt sich:

$$\int_a^b f(x)dx \approx \frac{b-a}{n}\left[\frac{1}{2}\cdot f(x_0) + f(x_1) + \ldots + f(x_{n-1}) + \frac{1}{2}\cdot f(x_n)\right]$$

wobei $x_i = a + \frac{b-a}{n}\cdot i, \ 0 \leq i \leq n$ ist.

Die zusammengesetzte SIMPSONsche Regel lautet:

$$\int_a^b f(x)dx \approx \frac{b-a}{6n}[f(x_0)+4\cdot f(x_1)+2\cdot f(x_2)+4\cdot f(x_3)+\ldots$$
$$\ldots+4\cdot f(x_{n-1})+f(x_n)]$$

wobei wiederum $x_i = a+\frac{b-a}{n}\cdot i,\ 0\le i\le n$ (n gerade) gilt.

4.2 Aufgaben zu NEWTON-COTES-Formeln

Aufgabe 4.1: Man zeige ohne die Benutzung der Restgliedformel, daß die SIMPSONsche Regel

$$\int_a^b f(x)dx \approx \frac{b-a}{6}\big[f(a)+4f((a+b)/2)+f(b)\big]$$

alle kubischen Polynome exakt integriert.

Lösung: Es sei ein allgemeines kubisches Polynom

$$p(x) = Ax^3+Bx^2+Cx+D$$

gegeben. Eine zugehörige Stammfunktion lautet dann bekanntlich

$$P(x) = \frac{A}{4}x^4+\frac{B}{3}x^3+\frac{C}{2}x^2+Dx+E$$

Somit erhalten wir

$$\int_a^b p(x)dx = P(x)\big|_a^b = \frac{A}{4}(b^4-a^4)+\frac{B}{3}(b^3-a^3)+\frac{C}{2}(b^2-a^2)+D(b-a)$$
$$=(b-a)\left[\frac{A}{4}(b^3+b^2a+ba^2+a^3)+\frac{B}{3}(b^2+ba+a^2)+\frac{C}{2}(b+a)+D\right]$$
$$=\frac{b-a}{6}[Ab^3+Bb^2+Cb+D+4\{A((a+b)/2)^3+B((a+b)/2)^2+$$
$$C(a+b)/2+D\}+Aa^3+Ba^2+Ca+D].\ \square$$

Aufgabe 4.2: Man berechne sich einen Näherungswert für $\ln 2$ durch Anwendung der NEWTON-COTES-Formel

$$\int_0^1 f(x)dx \approx \frac{1}{90}\left[7f(0)+32f(1/4)+12f(1/2)+32f(3/4)+7f(1)\right]$$

auf das bestimmte Integral

$$\int_0^1 \frac{dx}{1+x}$$

und vergleiche den so erhaltenen Wert mit dem von $\ln 2$.

Lösung: Es ergibt sich der Ausdruck

$$\begin{aligned}\frac{1}{90}\left[7+32\cdot\frac{4}{5}+12\cdot\frac{2}{3}+32\cdot\frac{4}{7}+\frac{7}{2}\right]&=\frac{1}{90}\cdot\left[15+\frac{1792+1280+245}{70}\right]\\ &=\frac{1}{6}+\frac{3317}{6300}\approx 0.691746032\end{aligned}$$

Dagegen ist $\ln 2 \approx 0.69314718$.

Aufgabe 4.3: Man leite die SIMPSON-Formel von Aufgabe 4.1 aus der SIMPSON-Formel

$$\int_0^1 f(x)dx \approx \frac{1}{6}\left[f(0)+4\cdot f(1/2)+f(1)\right]$$

durch Variablentransformation her.

Lösung: Durch die affine Abbildung

$$\lambda(t)=(b-a)t+a$$

wird das Intervall $[0,1]$ mittels der Abbildung $x=\lambda(t)$ auf das Intervall $[a,b]$ abgebildet. Es transformiert sich $dx=\lambda'(t)dt=(b-a)dt$, und wir erhalten

$$\begin{aligned}\int_0^1 f(x)dx &= (b-a)\int_a^b f(\lambda(t))dt\\ &\approx \frac{(b-a)}{6}\left[f(\lambda(0))+4f(\lambda(1/2))+f(\lambda(1))\right]\\ &= \frac{(b-a)}{6}\left[f(a)+4f((a+b)/2)+f(b)\right].\ \square\end{aligned}$$

Aufgabe 4.4: Eine Funktion f sei durch die folgende Wertetabelle gegeben:

x	1.8	2.0	2.2	2.4	2.6
$f(x)$	3.12014	4.42569	6.04241	8.03014	10.46675

a) Man approximiere $\int_{1.8}^{2.6} f(x)dx$ durch Anwendung der NEWTON-COTES-Formel aus Aufgabe 4.2 in Verbindung mit Aufgabe 4.3.

b) Man approximiere das Integral $\int_{1.8}^{2.6} f(x)dx$ durch Anwendung der zusammengesetzten Trapezregel.

Lösung: Zu a): Es ergibt sich durch Transformation des Intervalls $[0,1]$ auf das Intervall $[1.8,\ 2.6]$ mit Hilfe der affinen Abbildung

$$\lambda(t) = 0.8 \cdot t + 1.8 \text{ und } dx = 0.8 \cdot dt$$

schließlich die Formel

$$\begin{aligned}\int_{1.8}^{2.6} f(x)dx &\approx \frac{0.8}{90}[7 \cdot f(1.8) + 32 \cdot f(2) + 12 \cdot f(2.2) + 32 \cdot f(2.4) \\ &\quad + 7 \cdot f(2.6)] \\ &= \frac{0.4}{45}[7 \cdot 3.12014 + 32 \cdot 4.42569 + 12 \cdot 6.04241 + 32 \cdot 8.03014 \\ &\quad + 7 \cdot 10.46675] \\ &\approx 5.032921867\end{aligned}$$

Zu b): Die Formel für die zusammengesetzte Trapezregel lautet in unserem Falle

$$\begin{aligned}\int_{1.8}^{2.6} f(x)dx &\approx 0.2 \cdot \left[\frac{1}{2} \cdot f(1.8) + f(2) + f(2.2) + f(2.4) + \frac{1}{2} \cdot f(2.6)\right] \\ &= 0.2 \cdot [0.5 \cdot 3.12014 + 4.42569 + 6.04241 + 8.03014 + \\ &\quad + 0.5 \cdot 10.46675] \\ &\approx 5.058337\,. \square\end{aligned}$$

Aufgabe 4.5: Gegeben sei die Problemstellung von Aufgabe 4.4. Die Daten für die Funktionswerte $f(x)$ beinhalten Rundungsfehler gemäß der folgenden Tabelle:

x	1.8	2.0	2.2	2.4	2.6
$\lvert f(x) - gl(f(x))\rvert$	$2\cdot 10^{-6}$	$2\cdot 10^{-6}$	$9\cdot 10^{-6}$	$9\cdot 10^{-6}$	$2\cdot 10^{-6}$

Man berechne Abschätzungen für den Rundungsfehler bei der Berechnung der Näherungen für $\int_{1.8}^{2.6} f(x)dx$ gemäß a) und b) in Aufgabe 4.4. Man setze dabei $l = 7$ und $\alpha = 1$ (siehe 1.3).

Lösung: Zu a): Gemäß der Tabelle über die Rundungsfehler der Funktionswerte können wir annehmen, daß

$$gl(f(x_i)) = f(x_i)\langle k_i\rangle$$

gilt, wobei $k_1 = k_2 = k_5 = 2,\ k_3 = k_4 = 9$ sind.
Dementsprechend können wir analog wie bei der Rundungsfehlerabschätzung der naiven Summation in 1.3 hier schließen:

$$\begin{aligned} gl(S) &= gl(\frac{0.8}{90}[7\cdot gl(f(1.8)) + 32\cdot gl(f(2)) + 12\cdot gl(f(2.2)) \\ &\quad +32\cdot gl(f(2.4)) + 7\cdot gl(f(2.6))]) \\ &= \frac{0.8}{90}[7\cdot f(1.8)\langle 2\rangle\langle 5\rangle\langle 3\rangle + 32\cdot f(2)\langle 2\rangle\langle 4\rangle\langle 3\rangle + 12\cdot f(2.2)\langle 9\rangle\langle 3\rangle\langle 3\rangle \\ &\quad +32\cdot f(2.4)\langle 9\rangle\langle 2\rangle\langle 3\rangle + 7\cdot f(2.6)\langle 2\rangle\langle 1\rangle\langle 3\rangle] \end{aligned}$$

Hierbei wurden die Werte für die k_i eingesetzt und berücksichtigt, daß die Multiplikationen $\alpha_i \cdot f(x_i)\cdot\frac{0.8}{90}$ jeweils 3 Rundungsfehlerzählgrößen verursachen. Ansonsten ergeben sich die Rundungsfehlerzählgrößen nach 1.3.

Weiter erhalten wir aus dem obigen Ausdruck

$$\begin{aligned} gl(S) = \frac{0.8}{90}[&7\cdot f(1.8)\langle 10\rangle + 32\cdot f(2)\langle 9\rangle + 12\cdot f(2.2)\langle 15\rangle + 32\cdot f(2.4)\langle 14\rangle \\ &+7\cdot f(2.6)\langle 6\rangle] \end{aligned}$$

oder mit 1.3

$$\begin{aligned}|gl(S)-S| &\le \frac{0.8}{90}[7\cdot 3.12\cdot 10+32\cdot 4.43\cdot 9+12\cdot 6.04\cdot 15+32\cdot 8.03\cdot 14\\&+7\cdot 10.47\cdot 6]\cdot 1.06\cdot 10^{-6}\\&\approx 6.24\cdot 10^{-5}\end{aligned}$$

Zu b): Mit den gleichen Überlegungen wie bei a) erhalten wir hier den Ausdruck für die Abschätzung des Rundungsfehlers

$$\begin{aligned}gl(S) = 0.2\cdot[&0.5\cdot 3.12\langle 2\rangle\langle 5\rangle\langle 1\rangle+4.43\cdot\langle 2\rangle\langle 4\rangle\langle 1\rangle+6.04\cdot\langle 9\rangle\langle 3\rangle\langle 1\rangle\\&+8.03\cdot\langle 9\rangle\langle 2\rangle\langle 1\rangle+10.47\cdot\langle 2\rangle\langle 1\rangle\langle 1\rangle]\end{aligned}$$

wobei hier die Multiplikation mit 1/2 rundungsfehlerfrei angenommen wurde und die Multiplikation mit 0.2 einen Rundungsfehlerzähler verursachen soll. Wir erhalten somit schließlich die Abschätzung

$$\begin{aligned}|gl(S)-S| &\le 0.2\cdot[0.5\cdot 3.12\cdot 8+4.43\cdot 7+6.04\cdot 13+8.03\cdot 12+0.5\cdot 10.47\cdot 4]\\&\cdot 1.06\cdot 10^{-6}\\&\approx 5.07\cdot 10^{-5}.\ \square\end{aligned}$$

Aufgabe 4.6: Man leite die SIMPSONsche Regel mit Restglied her, indem man den Ansatz

$$\int_{x_0}^{x_2} f(x)dx = a_0\cdot f(x_0)+a_1\cdot f(x_1)+a_2\cdot f(x_2)+k\cdot f^{(4)}(\xi)$$

macht. Dabei bestimme man die Größen a_i durch die Eigenschaft, daß die SIMPSONsche Regel exakt für die Funktionen $f(x)=x^n$, $n=1, 2, 3$ ist. Schließlich finde man den Wert für k durch Anwendung der Integrationsformel auf die Funktion $f(x)=x^4$.

Lösung: Bei der Annahme $x_1=(x_0+x_2)/2$ gelten die Bedingungen

$$\int_{x_0}^{x_2} x dx = \frac{x_2^2}{2}-\frac{x_0^2}{2} = a_0\cdot x_0+a_1\cdot x_1+a_2\cdot x_2$$
$$\int_{x_0}^{x_2} x^2\cdot dx = \frac{x_2^3}{3}-\frac{x_0^3}{3} = a_0\cdot x_0^2+a_1\cdot x_1^2+a_2\cdot x_2^2$$

Mit Hilfe der neuen Unbekannten

$$\bar{a}_i = \frac{a_i}{x_2 - x_0} \quad i = 0, 1, 2$$

erhalten wir schließlich das lineare Gleichungssystem

$$2\bar{a}_0 x_0 + 2\bar{a}_1 \cdot x_1 + 2\bar{a}_2 \cdot x_2 = x_0 + x_2$$
$$3\bar{a}_0 \cdot x_0^2 + 3\bar{a}_1 \cdot x_1^2 + 3\bar{a}_2 \cdot x_2^2 = x_0^2 + x_0 \cdot x_2 + x_2^2$$

und $x_1 = (x_0 + x_2)/2$ eingesetzt ergibt

$$(2\bar{a}_0 + \bar{a}_1)x_0 + (2\bar{a}_2 + \bar{a}_1)x_2 = x_0 + x_2$$
$$\left(3\bar{a}_0 + \frac{3}{4}\bar{a}_1\right)x_0^2 + \frac{3}{2}\bar{a}_1 x_0 x_2 + \left(3\bar{a}_2 + \frac{3}{4}\bar{a}_1\right)x_2^2 = x_0^2 + x_0 x_2 + x_2^2$$

Da die Stützstellen (paarweise verschieden) beliebig gewählt werden können, ist bei beiden Gleichungen ein Koeffizientenvergleich zwischen linker und rechter Seite möglich. Dieser führt auf

$$2\bar{a}_0 + \bar{a}_1 = 1 \quad \text{und} \quad 2\bar{a}_2 + \bar{a}_1 = 1$$

und auf $3/2\,\bar{a}_1 = 1$ oder $\bar{a}_1 = 4/6$. Das ergibt dann $\bar{a}_0 = \bar{a}_2 = 1/6$. Diese Lösung erfüllt auch alle Gleichungen. Somit haben wir

$$a_0 = a_2 = \frac{x_2 - x_0}{6} \quad \text{und} \quad a_1 = \frac{4(x_2 - x_0)}{6}$$

Da sich für $f(x) = x^4$ folgende Ausdrücke ergeben:

$$\int_{x_0}^{x_2} x^4 dx = \frac{1}{5}x_2^5 - \frac{1}{5}x_0^5\,, \quad k \cdot f^{(4)}(\xi) = 4!\, k$$

$$\text{SIMPSON-Näherung} = \left(\frac{1}{6}x_0^4 + \frac{1}{24}(x_0 + x_2)^4 + \frac{1}{6}x_2^4\right)(x_2 - x_0)$$

errechnet sich aus dem Ansatz

$$4!\, k = \frac{1}{5}x_2^5 - \frac{1}{5}x_0^5 - \left(\frac{1}{6}x_0^4 + \frac{1}{24}(x_0 + x_2)^4 + \frac{1}{6}x_2^4\right)(x_2 - x_0)$$

die Größe k als

$$k=\frac{-(x_2-x_0)^5}{2880}.\ \square$$

Aufgabe 4.7: Wie lautet die zusammengesetzte Form der Mittelpunktsregel

$$\int_a^b f(x)dx\approx(b-a)\cdot f((a+b)/2)\ ?$$

Lösung: Für die Schrittweite $h=(b-a)/n$ ergibt sich für die Unterteilungspunkte $x_i=a+i\cdot h,\ 0\le i\le n$ die folgende Summe:

$$\int_a^b f(x)dx=\int_{x_0}^{x_1} f(x)dx+\int_{x_1}^{x_2} f(x)dx+\ldots+\int_{x_{n-1}}^{x_n} f(x)dx$$

und somit mit Hilfe der Mittelpunktregel angewendet auf die Teilintervalle $[x_{i+1},x_i],\ 0\le i\le n-1$

$$\int_a^b f(x)dx\approx\frac{b-a}{n}f(\tilde{x}_1)+\frac{b-a}{n}f(\tilde{x}_2)+\ldots+\frac{b-a}{n}f(\tilde{x}_n)$$
$$=\frac{b-a}{n}[f(\tilde{x}_1)+f(\tilde{x}_2)+\ldots+f(\tilde{x}_n)]\text{ mit }\tilde{x}_i=a+\frac{b-a}{2n}\cdot(2i-1),$$
$$1\le i\le n.\ \square$$

4.3 Methode der unbestimmten Koeffizienten

Man geht dabei von einem Ansatz für die Integrationsformel der Gestalt

$$\int_a^b f(x)dx\approx\sum_{i=0}^n A_i f(x_i)\text{ mit gegebenen Stellen }x_i,\ 0\le i\le n$$

aus. Die Forderung lautet dann, daß die Formel exakt für eine gewisse Funktionenmenge sein soll. Dazu wählt man dafür eine (endliche) Basis relativ einfach darstellbarer Funktionen aus dieser Menge. Für diese Basisfunktionen berechnet man die linke Seite als bestimmtes Integral und setzt sie gleich der rechten Seiten ausgewertet für diese Basisfunktionen. Das so erhaltene Gleichungssystem bestimmt dann die unbekannten Koeffizienten $A_i,\ 0\le i\le n$.

Am besten erklärt diese Methode das folgende einfache Beispiel:

Beispiel: Die Integrationsformel

$$\int_0^1 f(x)dx \approx A_0 f(0) + A_1 f\left(\frac{1}{2}\right) + A_2 f(1)$$

soll für alle Polynome vom Grade ≤ 2 exakt sein.

Durch Wahl der Basisfunktionen $f(x) = 1,\ x,\ x^2$ und bei Durchführung des vorher geschilderten Prozesses erhalten wir das folgende lineare Gleichungssystem

$$\begin{aligned}
1 &= \int_0^1 dx = A_0 + A_1 + A_2 \\
\frac{1}{2} &= \int_0^1 x dx = \frac{1}{2} A_1 + A_2 \\
\frac{1}{3} &= \int_0^1 x^2 dx = \frac{1}{4} A_1 + A_2
\end{aligned}$$

Es hat die Lösung $A_0 = 1/6$, $A_1 = 2/3$ und $A_2 = 1/6$. Da die Formel linear ist integriert sie damit alle Polynome der Form $f(x) = c_0 + c_1 x + c_2 x^2$ exakt. □

(In Aufgabe 4.5 wurde diese Methode bereits im Prinzip angewendet.)

4.4 Aufgaben zur Methode der unbestimmten Koeffizienten

Aufgabe 4.8: Man zeige die Existenz von Koeffizienten $w_1, w_2, \ldots, w_n$ in Abhängigkeit von a, b, x_1, x_2, $\ldots$, x_n ($x_i \neq x_j$ für $i \neq j$), so daß

$$\int_a^b f(x)dx = \sum_{i=1}^n w_i \cdot p(x_i)$$

für alle Polynome p vom Grade $\leq n-1$ gilt.

Lösung: Mit Hilfe der LAGRANGE-Interpolationspolynome $l_i(x)$ (siehe 2.3) läßt sich das Polynom p vom Grade $\leq n-1$ darstellen in Form

$$p(x) = \sum_{i=1}^n l_i(x) \cdot p(x_i)$$

Integriert man diese Gleichung, dann erhält man

$$\int_a^b p(x)dx = \int_a^b \left[\sum_{i=1}^n l_i(x) \cdot p(x_i) \right] dx = \sum_{i=1}^n \left[\int_a^b l_i(x)dx \cdot p(x_i) \right]$$

mit $\int_a^b l_i(x)dx = w_i(a,\, b,\, x_1,\, \ldots,\, x_n)$. □

Aufgabe 4.9: Man finde eine Integrationsformel der Form

$$\int_0^1 x \cdot f(x)dx \approx A_0 f(x_0) + A_1 f(x_1),$$

welche exakt für alle Polynome vom Grade 3 ist.

Lösung: Wir wählen als Basis die Funktionen $f(x) = 1,\, x,\, x^2,\, x^3$ und erhalten das Gleichungssystem

$$\int_0^1 x dx = \frac{1}{2} = A_0 + A_1$$
$$\int_0^1 x^2 dx = \frac{1}{3} = A_0 x_0 + A_1 x_1$$
$$\int_0^1 x^3 dx = \frac{1}{4} = A_0 x_0^2 + A_1 x_1^2$$
$$\int_0^1 x^4 dx = \frac{1}{5} = A_0 x_0^3 + A_1 x_1^3$$

oder

$$\frac{1}{3} - \frac{1}{2} x_0 = A_1 (x_1 - x_0)$$
$$\frac{1}{4} - \frac{1}{3} x_0 = A_1 x_1 (x_1 - x_0)$$
$$\frac{1}{5} - \frac{1}{4} x_0 = A_1 x_1^2 (x_1 - x_0)$$

Division zweier aufeinander folgender Gleichungen führt auf

$$x_1 = \frac{\frac{1}{4} - \frac{1}{3}x_0}{\frac{1}{3} - \frac{1}{2}x_0} \text{ und } x_1 = \frac{\frac{1}{5} - \frac{1}{4}x_0}{\frac{1}{4} - \frac{1}{3}x_0}$$

was gleichgesetzt die quadratische Gleichung

$$\frac{\frac{1}{5} - \frac{1}{4}x_0}{\frac{1}{4} - \frac{1}{3}x_0} = \frac{\frac{1}{4} - \frac{1}{3}x_0}{\frac{1}{3} - \frac{1}{2}x_0}$$

oder, falls $x_0 \neq 3/4$, $2/3$ ist,

$$10x_0^2 - 12x_0 + 3 = 0$$

ergibt. Die positiven Lösungen sind $x_0 = 3/5 + \sqrt{6}/10 \approx 0.84$ und $x_0 = 3/5 - \sqrt{12}/10 \approx 0.36$. Da die Gleichungen in x_0 und x_1 symmetrisch sind, stellen dies bereits die Werte für x_0 und x_1 dar.

Aus den anderen Gleichungen ergibt sich dafür

$$A_1 = \left(\frac{1}{3} - \frac{1}{2}x_0\right) / (x_1 - x_0) = \left(\frac{1}{3} - \frac{1}{2}\left(\frac{3}{5} - \frac{\sqrt{6}}{10}\right)\right) / \left(\frac{\sqrt{6}}{5}\right) \approx 0.32$$

und

$$A_0 = \frac{1}{2} - A_1 \approx 0.18 \,. \square$$

Aufgabe 4.10: Gibt es eine Formel der Form

$$\int_{x_0}^{x_1} f(x)dx \approx \alpha \cdot [f(x_0) + f(x_1)]$$

welche exakt für alle Polynome vom Grade 2 ist?

Lösung: Man wähle die Funktionen $f(x) = 1$, x und x^2 und erhält das Gleichungssystem

$$\int_{x_0}^{x_1} dx = x_1 - x_0 = 2\cdot\alpha$$

$$\int_{x_0}^{x_1} x dx = \frac{1}{2}\left(x_1^2 - x_0^2\right) = \alpha\cdot\left(x_0 + x_1\right)$$

$$\int_{x_0}^{x_1} x^2 dx = \frac{1}{3}\left(x_1^3 - x_0^3\right) = \alpha\cdot\left(x_0^2 + x_1^2\right)$$

Aus der ersten Gleichung folgt $\alpha = \left(x_1 - x_0\right)/2$ und eingesetzt in die dritte Gleichung ergibt dies

$$\frac{1}{3}\left(x_1^3 - x_0^3\right) = \frac{\left(x_1 - x_0\right)}{2}\left(x_0^2 + x_1^2\right)$$

oder umgeformt die Gleichung

$$\left(x_0 - x_1\right)^2 = 0$$

welche nur die nicht erlaubte Lösung $x_0 = x_1$ besitzt. Also gibt es keine derartige Integrationsformel. □

Aufgabe 4.11: Man leite eine Formel der Gestalt

$$\int_0^{2\pi} f(x)dx \approx A_1 f(0) + A_2 f(\pi)$$

her, welche exakt für jede Funktion der Art

$$f(x) = a + b\cos x$$

ist. Man zeige, daß die erhaltene Formel außerdem exakt für alle Funktionen der Form

$$f(x) = \sum_{k=0}^{n}\left\{a_k \cos\left[(2k+1)x\right] + b_k \sin(kx)\right\}$$

ist.

Lösung: Der Raum der fraglichen Funktionen wird durch die Basisfunktionen $f(x) = 1$, $\cos x$ aufgespannt. Wir erhalten mit diesen das Gleichungssystem

$$\int_0^{2\pi} dx = 2\pi = A_1 + A_2$$

$$\int_0^{2\pi} \cos x dx = 0 = A_1 - A_2$$

mit der Lösung $A_1 = A_2 = \pi$.

Die so erhaltene Formel läßt sich auch auf die Basisfunktionen $f(x) = \sin kx$ und $f(x) = \cos(2k+1)x$ anwenden. Dies ergibt jeweils

$$\int_0^{2\pi} \sin(kx)\, dx = 0 = 0 \cdot \pi + 0 \cdot \pi$$

und

$$\int_0^{2\pi} \cos[(2k+1)x] dx = 0 = \pi \cdot 1 - \pi \cdot 1$$

also den exakten Integralwert durch die Formel. Damit wird auch wegen der Linearität der Formel der gesamte durch diese Funktionen aufgespannte lineare Raum exakt integriert. Dies ist aber die behauptete Eigenschaft. □

§ 5 BANACHscher Fixpunktsatz, sukzessive Substitution und Konvergenzordnung

5.1 BANACHscher Fixpunktsatz und sukzessive Substitution

Der folgende Fixpunktsatz wird angewendet auf Iterationsvorschriften der Gestalt

$$x^{(k+1)} = f\left(x^{(k)}\right),\ x^{(0)} \text{ gegeben.}$$

Dabei betrachten wir hier den (vollständigen) metrischen Raum $\mathbb{R}^n$ mit der Metrik q (die üblicherweise durch eine Norm $\|\cdot\|$ (siehe [6]) induziert wird. Dabei ist dann $q(x,y) = \|x-y\|$ definiert.

BANACHscher Fixpunktsatz: *Es sei $D_0 \subseteq D_f$ eine abgeschlossene Teilmenge des Definitionsbereiches einer Funktion f im $\mathbb{R}^n$ mit $f\colon D_f \subseteq \mathbb{R}^n \to \mathbb{R}^n$, und es gelten die Voraussetzungen*

(a) *Bild $(D_0) \subseteq D_0$ d. h. das Bild von D_0 unter der Abbildung f liegt in D_0 (oder führt aus D_0 nicht heraus);*

(b) *in D_0 ist die Abbildung kontrahierend, d. h. es gilt $q(f(x), f(y)) \le L \cdot q(x, y)$ für $x, y \in D_0$ und $0 \le L < 1$ mit von x, y unabhängigem L;*

dann gelten die folgenden Aussagen:

(i) *f besitzt in D_0 genau einen Fixpunkt x^*, d. h. es gilt für genau ein $x^* \in D_0$ $x^* = f\left(x^*\right)$,*

(ii) *für beliebiges $x^{(0)} \in D_0$ konvergiert die Folge der Iterierten $\left\{x^{(k)}\right\}$ mit*

$$x^{(k+1)} = f\left(x^{(k)}\right),\ k \ge 0$$

gegen x^*, d. h. es gilt $\lim\limits_{k\to\infty} x^{(k)} = x^*$,

(iii) *es gilt die Fehlerabschätzung*

$$q\left(x^{(k)},x^{*}\right)\leq\frac{L^{k}}{1-L}q\left(x^{(1)},x^{(0)}\right),\ k\geq1.$$

In der Praxis besteht die Aufgabe vor allem dann die Bedingung $Bild(D_0)\subseteq D_0$ nachzuprüfen und dann noch ein $L<1$ zu finden. Das letztere ist eine LIPSCHITZ-Konstante und kann, wenn z. B. $n=1$ ist und f stetig differenzierbar angenommen wird, in bekannter Weise als Maximum von $|f(x)|$ über D_0 berechnet werden.

Die lokale Existenz eines solchen D_0 im Falle $n=1$, d. h. die Existenz einer hinreichend kleinen Umgebung von einem Fixpunkt x^* von f, für die der BANACHsche Fixpunktsatz gilt, garantiert die folgende nützliche Aussage:

Die Funktion f besitze in einer Umgebung des Fixpunktes x^* eine stetige Ableitung, und es gelte $|f'(x^*)|<1$. Dann existiert ein Intervall I, welches x^* enthält und für welches bei beliebiger Wahl von $x^{(0)}\in I$ gilt, daß die Folge $x^{(k+1)}=f\left(x^{(k)}\right)$, $k\geq0$ in I bleibt und $\lim\limits_{k\to\infty}x^{(k)}=x^*$ ist.

Die Iterationsvorschrift der Gestalt

$$x^{(k+1)}=f\left(x^{(k)}\right),\quad x^{(0)}\text{ gegeben,}$$

nennt man auch sukzessive Substitution.

5.2 Aufgaben zum BANACHschen Fixpunktsatz und zur sukzessiven Substitution

Aufgabe 5.1: Es sei $f{:}[a,b]\to W\supset[a,b]$ eine in $[a,b]$ stetig differenzierbare Funktion mit der Eigenschaft

$$|f'(x)|\geq K>1 \text{ für alle } x\in[a,b].$$

Man zeige: f besitzt in $[a,b]$ genau einen Fixpunkt x^* und das Iterationsverfahren

$$x^{(k+1)}=f^{-1}\left(x^{(k)}\right),\ k\geq0$$

konvergiert für alle $x^{(0)}\in[a,b]$ gegen x^*.

Lösung: Wegen $f'(x) \neq 0$ in $[a,b]$ existiert die differenzierbare Umkehrfunktion f^{-1} in $[a,b]$ und bildet auch wieder in $[a,b]$ ab. Somit ist die Iterationsvorschrift definiert und führt nicht aus $[a,b]$ heraus. (Forderung (a) im BANACHschen Fixpunktsatz). Wegen $(f^{-1})' = -1/f'$ unter der gegebenen Voraussetzung, läßt sich die LIPSCHITZ-Konstante

$$L = \max\{|(f^{-1})(x)| \, |x \in [a,b]\} = \frac{1}{\max\{|f'(x)| \, |x \in [a,b]\}} \leq \frac{1}{K} < 1$$

bestimmen, und nach dem nunmehr anwendbaren BANACHschen Fixpunktsatz folgt die behauptete Existenz von x^*. □

Aufgabe 5.2: Wie läßt sich der Ausdruck

$$\sqrt{2+\sqrt{2+\sqrt{2+\sqrt{\ldots}}}}$$

interpretieren und welchen Wert hat er dabei?

Lösung: Der obige Ausdruck läßt sich formal als rekursive Vorschrift

$$x^{(k+1)} = \sqrt{2+x^{(k)}} \quad x^{(0)} = 0, \; k \geq 0$$

schreiben. Die Abbildung $f(x) = \sqrt{2+x}$ bildet aber das Intervall $[0,2]$ in dasselbe ab. Dies sieht man wegen $0 \leq x \leq 2 \Rightarrow \sqrt{2+x} \leq 2$ aufgrund der Monotonie von f in $[0,2]$ ein. Die Funktion ist offensichtlich stetig differenzierbar in $[0,2]$ und wegen

$$L = \max\{|f'(x)| \, |x \in [0,2]\} = \max_{x \in [0,2]} \frac{1}{2} \cdot \frac{1}{\sqrt{2+x}} \leq \frac{1}{2\sqrt{2}} < 1$$

läßt sich wiederum der BANACHsche Fixpunktsatz anwenden. Der Ausdruck - interpretiert als eindeutiger Grenzwert x^* der obigen Rekursion - erfüllt die Gleichung

$$x = \sqrt{2+x} \text{ oder } x^2 - x - 2 = 0$$

und hat damit den (positiven) Wert $x^* = 2$. □

Aufgabe 5.3: Zur Berechnung der Nullstelle der Funktion

$$f(x) = x^2 - \ln x - 2, \ x \in (1, \infty)$$

mit Hilfe der Methode der sukzessiven Substitution bestimme man eine geeignete Iterationsfunktion und ein geeignetes Intervall $[a,b] \subset (0,\infty)$, so daß die Iterationsvorschrift in diesem gegen die Nullstelle konvergiert.

Lösung: Wir schreiben die Gleichung

$$f(x) = x^2 - \ln x - 2 = 0$$

in der Form

$$x = \sqrt{\ln x + 2}$$

und betrachten dementsprechend die stetig differenzierbare Iterationsfunktion

$$g(x) = \sqrt{\ln x + 2}$$

Die Funktion g ist im Intervall $[1,2]$ monoton wachsend, und wegen $g(1) = \sqrt{2} > 1$, $g(2) = \sqrt{\ln 2 + 2} < \sqrt{3} < 2$ wird das Intervall $[1,2]$ durch g in sich abgebildet.

Außerdem gilt

$$L = \max\{|g'(x)| \,|\, x \in [1,2]\} = \max\left\{\frac{1}{2x} \cdot \frac{1}{\sqrt{\ln x + 2}} \,\middle|\, x \in [1,2]\right\} \le \frac{1}{2} \cdot \frac{1}{\sqrt{2}} < 1$$

und es läßt sich wiederum der BANACHsche Fixpunktsatz anwenden. Die Iterationsvorschrift $x^{(k+1)} = g\left(x^{(k)}\right)$, $x^{(0)} \in [1,2]$ konvergiert also gegen die eindeutige Lösung der Gleichung in $[1,2]$. Wegen der Monotonie von g in $[1,\infty)$ gibt es aber keine weitere in diesem Bereich. □

Aufgabe 5.4: Wenn man einen beliebigen Gleitkommawert in einen Taschenrechner eingibt und danach oftmals die COS-Taste drückt, welchen Wert erhält man schließlich angezeigt? Man liefere eine mathematische Begründung dafür.

Lösung: Der geschilderte Vorgang entspricht der Durchführung der Iterationsvorschrift

$$x^{(k+1)} = \cos x^{(k)},\ x^{(0)} \in \mathbb{R}_M,\ k \geq 0$$

Da $|\cos x| \leq 1$ gilt, genügt es (ab $x^{(1)}$) das Intervall $[-1,1]$ zu betrachten. Das Intervall $[-1,1]$ wird wegen $\frac{\pi}{2} > 1$ offensichtlich in sich abgebildet. Außerdem gilt für die in $[-1,1]$ stetig differenzierbare Funktion $f(x) = \cos x$, daß

$$L = \max\{|f'(x)| \,|\, x \in [-1,1]\} = \max\{|\sin x| \,|\, x \in [-1,1]\} < 1$$

ist. Somit ist der BANACHsche Fixpunktsatz anwendbar, und die Iterationsvorschrift konvergiert für alle $x^{(0)}$ gegen die Lösung der Gleichung

$$x = \cos x \quad \text{(etwa 0.999847741).} \ \square$$

Aufgabe 5.5: Eine Fixpunktiteration $x^{(k+1)} = f\left(x^{(k)}\right)$ sei definiert durch

$$f(x) = 1 + \frac{1}{x} + \frac{1}{x^2} \quad (x > 0)$$

(a) Man verifiziere, daß f für das Intervall $[1.75,\ 2]$ die Voraussetzungen des BANACHschen Fixpunktsatzes erfüllt. Wie groß ist dabei L?

(b) Mit $x^{(0)} = 1.8$ berechne man $x^{(20)}$ und gebe mit Hilfe des BANACHschen Fixpunktsatzes eine Fehlerschranke dafür an.

(c) Wieviel zusätzliche Iterationsschritte in (b) würden eine weitere richtige Dezimalstelle gegenüber $x^{(20)}$ bei den Näherungen für x^* garantieren?

Lösung: Zu (a): $f(x) = \dfrac{x^2 + x + 1}{x^2},\ x > 0.$

Die Funktion ist monoton fallend, und es gilt:

$$f(2) = 1.75 \text{ und } f(1.75) = 1 + \frac{4}{7} + \frac{16}{49} = 1 + \frac{44}{49} < 2$$

Damit wird das Intervall $[1.75,\ 2]$ in sich abgebildet. $f'(x) = -\dfrac{1}{x^2} - \dfrac{2}{x^3}$, und $|f'|$ ist monoton fallend. Da $|f'(1.75)| = \dfrac{16}{49}\left(1 + \dfrac{8}{7}\right) = \dfrac{240}{343} < 1$ ist, gilt mit $L = \dfrac{240}{343}$ der BANACHsche Fixpunktsatz.

Zu (b): Auf dem Rechner mit der Mantissenlänge 10 ergibt sich der Näherungswert

$$x^{(20)} \approx 1.8392842$$

Als Fehlerschranke ergibt sich nach 5.1

$$\left|x^{(20)} - x^*\right| \le \left(\frac{240}{343}\right)^{20} \cdot \frac{1}{\frac{103}{343}} \cdot \left|x^{(1)} - x^{(0)}\right|$$

Da $x^{(1)} = 1.864197531$ ist, berechnet sich die Fehlerschranke aus dem Ausdruck

$$\left|x^{(20)} - x^*\right| \le \left(\frac{240}{343}\right)^{20} \cdot \frac{343}{103} \cdot 0.014893331 \approx 3.925 \cdot 10^{-5}$$

Es sind also mindestens 4 Stellen nach dem Dezimalpunkt korrekt.

Zu (c): Allgemein ergibt sich

$$\left|x^{(k)} - x^*\right| \le \left(\frac{240}{343}\right)^{k} \cdot \frac{343}{103} \cdot 0.014893331$$

oder wenn $\left|x^{(k)} - x^*\right| < 0.5 \cdot 10^{-6}$ sein soll, die Bedingung

$$\left(\frac{240}{343}\right)^{k} < \frac{103}{343} \cdot 0.5 \cdot 10^{-6} \cdot \frac{1}{0.014893331},$$

was logarithmiert

$$k > \ln\left[\frac{103}{343} \cdot 0.5 \cdot 10^{-6} \cdot \frac{1}{0.014893331}\right] / (\ln 240 - \ln 343) \approx 43.999$$

ergibt.

Die gewünschte Genauigkeit wird also durch $x^{(44)}$ erfüllt. □

Aufgabe 5.6: Durch entsprechende Umformungen zeige man, daß die beiden Funktionsausdrücke

$$f_1(x) = \left(3 + x - 2x^2\right)^{\frac{1}{4}} \text{ und } f_2(x) = \left[\frac{x+3}{x^2+2}\right]^{\frac{1}{2}}$$

jeweils einen Fixpunkt p besitzen, der die Gleichung

$$f(x) = x^4 + 2x^2 - x - 3 = 0$$

erfüllt.

Lösung: $x = \left(3 + x - 2x^2\right)^{\frac{1}{4}}$ ist erfüllt, wenn die obige Gleichung erfüllt ist.

Dasselbe gilt für

$$x = \left[\frac{x+3}{x^2+2}\right]^{\frac{1}{2}} \Leftrightarrow x^2 = \frac{x+3}{x^2+2}$$

Aufgabe 5.7: KEPLERs Gleichung in der Astronomie schreibt sich als:

$$x = y - \varepsilon \cdot \sin y \quad \text{mit} \quad 0 < \varepsilon < 1$$

Man zeige, daß für jedes $x \in [0,\pi]$ diese Gleichung eine Lösung y besitzt, indem man dies als ein Fixpunktproblem betrachtet.

Lösung: Durch die Funktion

$$f(y) = x + \varepsilon \cdot \sin y$$

wird das Intervall $[-2\pi, 2\pi]$ auf das Intervall $[x-\varepsilon, x+\varepsilon] \subset [-2\pi, 2\pi]$ gebildet. Außerdem ist

$$|f'(y)| = \varepsilon \cdot |\cos y| \leq \varepsilon < 1 \text{ auf } [-2\pi, 2\pi]\text{, so daß mit } L = \varepsilon$$

auf dem Intervall $[-2\pi, 2\pi]$ der BANACHsche Fixpunktsatz anwendbar ist. □

Aufgabe 5.8: Die Iterationsfolge $\{x^{(n)}\}$ sei definiert durch

$$\begin{cases} x^{(0)} = -15, \\ x^{(n+1)} = 3 - 1/2 \cdot \left|x^{(n)}\right|, \; n \geq 0 \end{cases}$$

Konvergiert diese Folge und gegebenenfalls gegen welchen Wert?

Lösung: Die zugehörige Iterationsfunktion lautet

$$f(x) = 3 - 1/2 \cdot |x|.$$

Es gilt dafür

$$\begin{aligned} |f(x) - f(y)| &= |3 - 1/2 \cdot |x| - 3 + 1/2 \cdot |y|| = 1/2 \cdot ||y| - |x|| \\ &\leq 1/2 \cdot |y - x| \end{aligned}$$

bei Anwendung der Dreiecksungleichung 'nach unten'.

f ist also eine kontraktive Abbildung in $\mathbb{R}$ und dementsprechend konvergiert die Iterationsfolge gegen einen eindeutigen Fixpunkt x^* in $\mathbb{R}$.

Der Wert von x^* ergibt sich aus der Gleichung

$$x = 3 - 1/2 \cdot |x|$$

oder

$$2x + |x| = 6$$

also $x = 2$. □

Aufgabe 5.9: Eine Funktion f heißt eine iterierte kontraktive Abbildung, falls gilt

$$|f(f(x)) - f(x)| \leq L \cdot |f(x) - x|, \; L < 1$$

Man zeige, daß jede kontraktive Abbildung auch eine iterierte kontraktive Abbildung ist. Gilt auch die Umkehrung?

Lösung: Zunächst gilt für eine kontraktive Abbildung f, daß

$$|f(x) - f(y)| \leq L \cdot |x - y|, \; L < 1$$

ist. Man setze einfach $x = f(y)$ und erhält dann daraus

$$|f(f(y)) - f(y)| \leq L \cdot |f(y) - y|, \; L < 1$$

Umgekehrt betrachte man die Funktion $f(x)=-x$, die offensichtlich keine konkraktive Abbildung ist ($L=1!$). Es gilt aber für $f(f(x))=x$, daß

$$|f(f(x))-f(x)|=|x-x|=0\leq L\cdot|f(x)-x|=L\cdot 2\cdot|x|$$

für jedes $L<1$ ist. Also ist f eine iterierte kontraktive Abbildung. Somit gilt die Umkehrung nicht, wie dieses Beispiel zeigt. □

Aufgabe 5.10: Sei $p>1$. Welchen Wert besitzt dann der folgende Kettenbruch

$$\cfrac{1}{p+\cfrac{1}{p+\cfrac{1}{p+\ldots\ldots}}}$$

Lösung: Der Kettenbruch kann als folgende Rechenvorschrift gedeutet werden:

$$x^{(0)}=1;$$
$$x^{(k+1)}=\frac{1}{p+x^{(k)}},\ k\geq 0$$

Durch die Funktion $f(x)=\dfrac{1}{p+x}$ wird das Intervall $[0,1]$ wegen $p>1$ und der Monotonie von f in sich abgebildet, da stets $0<f(x)<1$ gilt. Außerdem ist

$$|f'(x)|=\frac{1}{(p+x)^2}\text{ im Intervall }[0,1]$$

und wegen der Monotonie der Ableitung gilt in $[0,1]$

$$|f'|\leq p^{-2}<1$$

Im Intervall $[0,1]$ ist also für f der BANACHsche Fixpunktsatz anwendbar. Die eindeutige Lösung ergibt sich aus der Gleichung

$$x=\frac{1}{p+x}\text{ oder }x^2+p\cdot x-1=0$$

als $x^*=\dfrac{-p+\sqrt{p^2+4}}{2}$. □

Aufgabe 5.11: Sei f eine im Intervall $[a,b]$ stetige, reelle Funktion und es gelte $a \le f(a)$ und $f(b) \le b$. Man zeige, daß dann f im Intervall $[a,b]$ einen Fixpunkt besitzt. (Man beachte, daß nicht gefordert wird $a \le f(x) \le b$ für $a \le x \le b$.)

Lösung: Man betrachte die (stetige) Funktion

$$g(x) = x - f(x),\ a \le x \le b$$

Aufgrund der Voraussetzung gelten

$$g(a) < 0 \text{ und } g(b) > 0$$

und nach dem Zwischenwertsatz der Analysis existiert dann im Intervall $[a,b]$ ein x^* mit $g(x^*) = 0 = x^* - f(x^*)$, also ein Fixpunkt von f. □

5.3 Konvergenzordnung von Iterationsverfahren

Bei Iterationsverfahren der Gestalt

$$x^{(k+1)} = f\left(x^{(k)}\right),\ x^{(0)} \text{ gegeben, } k \ge 0$$

mit gegen einen Fixpunkt x^* konvergenten Folgen von Iterierten $\left\{x^{(k)}\right\}$ definiert man zum Zwecke des besseren Vergleichs zweier Verfahren eine Konvergenzordnung. Dies kann auf zweierlei Weise vorgenommen werden. Man geht aus von der nichtnegativen, im Falle eines unendlich oft durchgeführten Verfahrens sogar positiven, Folge der absoluten Fehler $e^{(k)}$. Dabei ist

$$e^{(k)} = \left\|x^{(k)} - x^*\right\|,\ k \ge 0$$

mit einer passenden Norm (im Falle $n = 1$ mit dem Betrag $|\cdot|$). Im hier betrachteten Konvergenzfalle gilt $e^{(k)} \to 0$. Wir betrachten nun eine beliebige durch die obige Iterationsvorschrift erzeugte Fehlerfolge (im konvergenten Falle) und definieren dafür:

Die Folge $\left\{e^{(k)}\right\}$ besitzt die Q-Ordnung von mindestens τ falls sie einer Rekursion der Gestalt

$$e^{(k+1)} \le c \cdot \left(e^{(k)}\right)^{\tau},\ k \ge 0 \textit{ mit } c > 0 \textit{ und } \tau \ge 1$$

genügt. Dabei hat im Falle $\tau = 1$ zusätzlich $c < 1$ zu sein.

Etwas allgemeiner ist die folgende Definition:

Die Folge $\{e^{(k)}\}$ *besitzt die R-Ordnung von mindestens* τ *fall sie einer Rekursion der Gestalt*

$$e^{(k)} \le b \cdot \theta^{\tau^k},\ k \ge 0 \text{ und } b > 0,\ 0 < \theta < 1,\ \tau > 1$$

genügt. (Den Fall $\tau = 1$ *wollen wir der Einfachheit halber hier ausklammern.)*

Beide Definitionen definieren nicht eindeutig eine Konvergenzordnung. Es folgt die zweite Konvergenzordnung aus der ersten (bei gleichem τ). Das umgekehrte gilt allgemein nicht.

Für eine obige Iterationsvorschrift gibt es im Falle der Dimension $n = 1$ bei genügend oftmals in einer Umgebung von x^* differenzierbaren Funktion f folgende einfache Möglichkeit die Q-Ordnung von mindestens m sicherzustellen:

Gilt für die Ableitungen von f *an der Stelle* x^*, *daß*

$$f'(x^*) = f''(x^*) = \ldots = f^{(m-1)}(x^*) = 0 \text{ und } f^{(m)}(x^*) \ne 0$$

ist, dann konvergieren alle Folgen der Fehler der Iterierten mindestens von der Q-Ordnung (und damit auch R-Ordnung) m.

5.4 Aufgaben zur Konvergenzordnung von Iterationsverfahren

Aufgabe 5.12: Man betrachte die Iterationsvorschrift

$$x^{(k+1)} = f\left(x^{(k)}\right),\ k \ge 0$$

mit der Iterationsfunktion

$$f(x) = p \cdot x + \frac{a}{x^2} \cdot q,\ a \ne 0$$

(a) Für welche Werte von p und q definiert diese Iterationsvorschrift (für hinreichend gute Näherungen $x^{(0)}$) ein gegen $\sqrt[3]{a}$ mit der Ordnung von mindestens 2 konvergentes Verfahren?

(b) Welche Ordnung des Verfahrens kann für diese Werte tatsächlich sichergestellt werden?

Lösung: Zu (a): 1. Bedingung: $\sqrt[3]{a}$ ist Fixpunkt der Iterationsvorschrift. Dies ergibt die Gleichung

$$\sqrt[3]{a} = p \cdot \sqrt[3]{a} + \sqrt[3]{a} \cdot q \text{ oder } p + q = 1$$

Konvergenzordnung 2 (quadratische Konvergenz) ist sichergestellt, wenn die 2. Bedingung

$$f'\left(\sqrt[3]{a}\right) = p - 2 \cdot \frac{a}{a} \cdot q = 0 \text{ oder } p - 2q = 0$$

erfüllt ist. Aus beiden Gleichungen berechnen sich die Werte

$$p = \frac{2}{3} \text{ und } q = \frac{1}{3}$$

Zu (b): Wegen $f''\left(\sqrt[3]{a}\right) = 2/\sqrt[3]{a} \neq 0$ kann also keine größere Konvergenzordnung sichergestellt werden. □

Aufgabe 5.13: Die folgenden beiden Iterationsvorschriften

$$\text{(a)} \quad x^{(k+1)} = \frac{20x^{(k)} + 21/\left(x^{(k)}\right)^2}{21}$$

und

$$\text{(b)} \quad x^{(k+1)} = x^{(k)} - \frac{\left(x^{(k)}\right)^3 - 21}{3\left(x^{(k)}\right)^2}$$

sollen bei $x^{(0)} = 1$ zur Berechnung von $\sqrt[3]{21}$ verwendet werden. Welche von beiden hat die größere Konvergenzgeschwindigkeit?

Lösung: Für die Iterationsvorschrift (a) gilt, daß offensichtlich $\sqrt[3]{21}$ Fixpunkt ist. Ferner ist für

$$f(x) = \frac{20 \cdot x + 21/x^2}{21}$$

die Ableitung

$$f'(x) = \frac{20 - 42/x^3}{21}$$

und dafür $f'(\sqrt[3]{21}) = (20-2)/21 = 18/21 \neq 0$ (aber auch $f'(\sqrt[3]{21}) < 1$). Somit kann nur die Konvergenzordnung 1 (also lineare Konvergenz) sichergestellt werden.
Iterationsvorschrift (b) hat ebenfalls, wie sich leicht überprüfen läßt, den Fixpunkt $\sqrt[3]{21}$. Für sie gilt:

$$f'(x) = \left[x - \frac{x^3 - 21}{3x^2}\right]' = 1 - \frac{1}{3} - \frac{21}{3} \cdot \frac{2}{x^3} \text{ und damit } f'(\sqrt[3]{21}) = 0$$

Ferner ist $f''(x) = 42/x^4$ und damit $f''(\sqrt[3]{21}) = 2/\sqrt[3]{21} \neq 0$. Somit kann für das Verfahren (b) quadratische Konvergenz (Ordnung 2) sichergestellt werden. Verfahren (b) konvergiert also eine Ordnung höher als Verfahren (a). □

Aufgabe 5.14: Zur Berechnung von $\sqrt{a}$, bei $a \geq 0$, kann man die folgende Iterationsvorschrift

$$x^{(k+1)} = \frac{1}{2}x^{(k)} + \frac{a}{2x^{(k)}},\ x^{(0)} > 0,\ k \geq 0$$

verwenden. Von welcher Konvergenzordnung ist dieses Verfahren?

Lösung: Das Verfahren hat offensichtlich den Fixpunkt $\sqrt{a}$.

Ferner gilt die folgende Umformung:

$$\begin{aligned} x^{(k+1)} - \sqrt{a} &= \frac{1}{2}x^{(k)} - \frac{1}{2}\sqrt{a} + \frac{a}{2x^{(k)}} - \frac{a}{2\cdot\sqrt{a}} \\ &= \frac{1}{2}\left(x^{(k)} - \sqrt{a}\right)^2 / x^{(k)}. \end{aligned}$$

Im Konvergenzfalle gilt $x^{(k)} \to \sqrt{a}$, also genügt die Fehlerfolge der Rekursion

$$\left|x^{(k+1)} - \sqrt{a}\right| \leq c \cdot \left|x^{(k)} - \sqrt{a}\right|^2$$

was mindestens quadratische Konvergenzordnung sicherstellt. □

Aufgabe 5.15: Die Iterationsvorschrift

$$x^{(k+1)} = g\left(x^{(k)}\right),\ k \geq 0$$

sei überlinear konvergent mit der Fehlerrekursion

$$\left|x^{(k+1)} - x^*\right| \leq \frac{1}{k+1}\left|x^{(k)} - x^*\right|,\ k \geq 0.$$

Wieviele Schritte werden benötigt, damit der Anfangsfehler von

$$\left|x^{(0)} - x^*\right| = 1$$

auf einen Fehler kleiner als 10^{-8} reduziert wird?

Lösung: Der Fehler $\left|x^{(k+1)} - x^*\right|$ läßt sich rekursiv abschätzen durch

$$\left|x^{(k+1)} - x^*\right| \leq \frac{1}{k+1} \cdot \frac{1}{k} \cdot \ldots \frac{1}{2} \cdot 1 \cdot \left|x^{(0)} - x^*\right| = \frac{1}{(k+1)!} \cdot \left|x^{(0)} - x^*\right|$$

Ist für k die Gleichung $\frac{1}{k!} < 10^{-8}$ oder $k! > 10^8$ erfüllt, dann hat man einen gewünschten Näherungswert $x^{(k)}$. Für $k = 12$ ist dies bereits der Fall. □

Aufgabe 5.16: Man ermittle die Konvergenzordnung der Folge $\left\{x^{(n)}\right\}$ mit

$$x^{(n)} = \sqrt[n]{n}$$

Lösung: Die Folge $\left\{x^{(n)}\right\}$ läßt sich rekursiv schreiben als

$$x^{(0)} = 1,\ x^{(n+1)} = \left(\left(x^{(n-1)}\right)^{n-1} + 1\right)^{\frac{1}{n}},\ n > 0$$

Damit erhalten wir als Iterationsfunktion den Ausdruck

$$F(x) = \left(x^{n-1} + 1\right)^{\frac{1}{n}}$$

Bekanntlich konvergiert die Folge $\left\{x^{(n)}\right\}$ gegen $n-1$. Die Ableitung

$$F(x) = \frac{1}{n} \cdot \frac{1}{(x^{n-1}+1)} 1 - \frac{1}{n} \cdot (n-1) \cdot x^{n-2}$$

nimmt an der Stelle $x = 1$ (des Fixpunktes) den Wert

$$F'(1) = \frac{(n-1)}{n} \cdot 2^{\frac{1}{n}-1}$$

an und strebt für $n \to \infty$ gegen 1/2. Es liegt also lineare Konvergenz vor. □

Aufgabe 5.17: Gegeben sei die Iterationsfunktion

$$F(x) = x - f(x) \cdot f'(x)$$

Welche Bedingungen muß f mit $f(x^*) = 0$ und $f'(x^*) \neq 0$ erfüllen, damit die zugehörige Iterationsvorschrift für nahe genug an x^* gelegene Startwerte $x^{(0)}$ mindestens kubisch gegen x^* konvergiert?

Lösung: Es genügt Bedingungen anzugeben, damit $F'(x^*) = F''(x^*) = 0$ gilt. Es sind

$$F'(x) = 1 - f'(x)^2 - f(x) \cdot f''(x),$$
$$F''(x) = f'(x) \cdot f''(x) - f(x) \cdot f'''(x)$$

Daraus folgt wegen $f(x^*) = 0$, daß

$$f'(x^*) = \pm 1 \text{ und } f''(x^*) = 0$$

sein müssen. □

§ 6 Nichtlineare Gleichungen

6.1 Lösungsverfahren für nichtlineare Gleichungen

Zur Lösung einer nichtlinearen Gleichung mit einer Variablen x der Gestalt

$$f(x)=0$$

gibt es verschiedene Typen von Verfahren zur iterativen Approximation einer Lösung.

(I) Iterationsverfahren zur Berechnung von Näherungsfolgen.

Hierbei werden durch eine Iterationsvorschrift der Gestalt

$$x^{(k+1)}=g\left(x^{(k)}\right),\ x^{(0)} \text{ vorgegeben, } k\geq 0$$

Folgen von Iterierten $\left\{x^{(k)}\right\}$ bestimmt, für welche $x^{(k)}\to x^*$ mit $f\left(x^*\right)=0$ gelten soll. Wir hatten solche Verfahren bereits in Abschnitt 5.1 in Form der Verfahren der sukzessiven Substitution kennengelernt. Ohne weitere Voraussetzung ist ihre Konvergenzordnung (siehe Abschnitt 5.3) linear - also verhältnismäßig langsam. Als typisches Verfahren von quadratischer Konvergenz gilt das

$$\text{NEWTON-Verfahren}\quad x^{(k+1)}=x^{(k)}-\frac{f\left(x^{(k)}\right)}{f'\left(x^{(k)}\right)},\ x^{(0)} \text{ vorgegeben, } k\geq 0$$

Von überlinearer Konvergenzordnung ist das damit verwandte

$$\text{Sekantenverfahren}\quad x^{(k+1)}=x^{(k)}-\frac{f\left(x^{(k)}\right)}{\dfrac{f\left(x^{(k)}\right)-f\left(x^{(k-1)}\right)}{x^{(k)}-x^{(k-1)}}},$$

$$x^{(0)},\ x^{(1)} \text{ gegeben, } k>1.$$

Beides sind sogenannte Interpolations-Iterationsverfahren.

(II) Iterationsverfahren zur Berechnung von Einschließungen.

Hierbei wird von einem gegebenen Einschließungsintervall $X^{(0)} = \left[x_1^{(0)}, x_2^{(0)}\right]$ ausgegangen, welches die gesuchte Lösung x^* enthält. Es werden Folgen $\left\{X^{(k)}\right\}$ von verbesserten Einschließungsintervallen für x^* berechnet, so daß $x_i^{(k)} \to x^*$, $i = 1, 2$ gilt.

Eines der allgemeinsten solcher Verfahren ist das

Bisektionsverfahren $x^{(k)} = \left(x_1^{(k)} + x_2^{(k)}\right)/2$
$X^{(k+1)}$ ist dasjenige Intervall aus den Punkten $x^{(k)}$ und $x_i^{(k)}$, für welche $f\left(x^{(k)}\right) \cdot f\left(x_i^{(k)}\right) < 0$ gilt.

Die Konvergenzgeschwindigkeit dieses Verfahrens ist nur linear und die Anzahl der Schritte zur Erzielung eines bestimmten Einschließungsintervalldurchmessers ist unabhängig von f.

Daneben gibt es eine weitere Charakterisierung eines Lösungsverfahrens, welche unabhängig von den oberen Unterscheidungen ist.

(i) Ein Lösungsverfahren heißt lokal konvergent für die Lösung x^*, wenn es eine Umgebung von x^* derart gibt, daß bei beliebiger Wahl der Startwerte in dieser Umgebung das Verfahren stets gegen x^* konvergiert. (Beispiele solcher Verfahren sind das NEWTON-Verfahren und das Sekantenverfahren ohne weitere Voraussetzungen an f.)

(ii) Globale Konvergenz eines Lösungsverfahrens liegt vor, wenn man a priori ein Intervall angeben kann, für welches das Verfahren für alle Startwerte aus diesem Intervall konvergiert und zwar gegen die Lösung x^* (Beispiel ist das Bisektionsverfahren auf dem vorgegebenen Ausgangsintervall $\left[x_1^{(0)}, x_2^{(0)}\right]$, wo $f\left(x_1^{(0)}\right) \cdot f\left(x_2^{(0)}\right) < 0$ gelten muß.)

6.2 Aufgaben zur Lösung von nichtlinearen Gleichungen

Aufgabe 6.1: Man zeige, daß das Sekantenverfahren im Falle einer Nullstelle gerader Vielfachheit nicht lokal konvergiert.

Lösung: f hat eine Nullstelle x^* gerader Vielfachheit, wenn gilt

$$f(x) = f^{(2m)}(x^*)(x - x^*)^{2m} + f^{(2m+1)}(x^*)(x - x^*)^{2m+1} + \ldots$$

für ein $m>0$. Lokal um x^* verhält sich der Graph der Funktion f also wie die Parabel

$$p(x)=\pm(x-x^*)^{2m}.$$

Für beliebig kleine Abstände $|x-x^*|<\varepsilon$ gibt es offenbar jeweils zwei Abszissen $x_1^{(0)}$ und $x_2^{(0)}$ mit $x_1^{(0)}<x^*$ und $x_2^{(0)}>x^*$ und $f(x_1^{(0)})=f(x_2^{(0)})$. Bei Wahl der Startwerte $x^{(0)}=x_1^{(0)}$, $x^{(1)}=x_2^{(0)}$ verschwindet in der Sekantenverfahren-Formel der Nenner, und das Verfahren ist für diese Startwerte nicht definiert. Da die Wahl des Abstandes $|x-x^*|$ beliebig war, existieren also in jeder Umgebung von x^* solche Divergenzpunkte. Das Verfahren konvergiert also nicht lokal. □

Aufgabe 6.2: Zur Berechnung einer Nullstelle einer Funktion f kann man einen Fixpunkt der Funktion

$$F(x)=x-\frac{f(x)}{f'(x)}$$

bestimmen. Um einen Fixpunkt von F zu bestimmen, kann man die Gleichung

$$F(x)-x=0$$

mittels des NEWTON-Verfahrens lösen. Was ist in diesem Falle die Formel zur Berechnung der Iterationsfolge $\{x^{(k)}\}$?

Lösung: Es sei

$$g(x)=F(x)-x=\frac{-f(x)}{f'(x)}$$

dann ist

$$g'(x)=F'(x)-1=1+\frac{f(x)\cdot f''(x)}{(f'(x))^2}$$

Also lautet die Iterationsfunktion

$$\phi(x)=x-\frac{g(x)}{g'(x)}=x-\frac{f(x)}{f'(x)-\dfrac{f(x)\cdot f''(x)}{f'(x)}}.\ \square$$

Aufgabe 6.3: Für die in Aufgabe 6.2 hergeleitete Iterationsfunktion bestimme man die Konvergenzordnung.

Lösung: Für die Iterationsfunktion

$$\phi(x) = x - \frac{f(x)}{f'(x) - \frac{f(x) \cdot f''(x)}{f'(x)}}$$

gilt: $\phi(x^*) = x^* \Leftrightarrow f(x^*) = 0$.

Ferner gilt für die Ableitungen von ϕ an der Stelle x^*

$$\phi'(x^*) = 1 - \frac{f'(x^*)}{f'(x^*) - \frac{f(x^*) \cdot f''(x^*)}{f'(x^*)}} + \frac{f(x^*)}{\left[f'(x^*) - \frac{f(x^*) \cdot f''(x^*)}{f'(x^*)}\right]^2} \cdot [\ldots]$$

$$= 0$$

Es ist jedoch nach etwas aufwendigerer Rechnung

$$\phi''(x^*) = f''(x^*) / f'(x^*) \neq 0 \text{ (i. A.)}$$

Das Verfahren aus Aufgabe 6.2 konvergiert also quadratisch. □

Aufgabe 6.4: Die Funktion $f\colon I \to \mathbb{R}$, $I = [a,b] \subset \mathbb{R}$ besitze im Innern des Intervalls I eine Nullstelle x^* der Ordnung $r \geq 2$. Es werde g als mindestens $(r+1)$-fach stetig differenzierbar vorausgesetzt. Man zeige:

Die durch das modifizierte NEWTON-Verfahren

$$x^{(k+1)} = x^{(k)} - r \cdot \frac{f\left(x^{(k)}\right)}{f'\left(x^{(k)}\right)}, \quad k \geq 0$$

berechnete Iterationsfolge $\left\{x^{(k)}\right\}$ konvergiert bei geeigneter Wahl von $x^{(0)}$ mit der Konvergenzordnung 2 gegen x^*.

Lösung: Die Iterationsfunktion lautet

$$\phi(x) = x - r \cdot \frac{f(x)}{f'(x)}$$

Unter Berücksichtigung der TAYLOR-Entwicklungen um x^*

$$f(x)=f(x^*)+f'(x^*)(x-x^*)+\ldots+\frac{f^{(r)}(\xi)}{r!}(x-x^*)^r$$
$$f'(x)=f'(x^*)+f''(x^*)(x-x^*)+\ldots+\frac{f^{(r)}(\eta)}{(r-1)!}(x-x^*)^{r-1}$$
$$f''(x)=f''(x^*)+f'''(x^*)(x-x^*)+\ldots+\frac{f^{(r)}(\sigma)}{(r-2)!}(x-x^*)^{r-2}$$

erhalten wir mit $f(x^*)=f'(x^*)=\ldots f^{(r-1)}(x^*)=0$ und $f^{(r)}(x^*)\neq 0$

$$\phi'(x^*)=1-r+r\cdot\frac{1}{r!}\cdot\frac{[(r-1)!]^2}{(r-2)!}=0$$

also eine mindestens quadratische Konvergenz gegen x^*. □

Aufgabe 6.5: Irrtümlich wurde das NEWTONsche Iterationsverfahren mit Hilfe der Iterationsfunktion

$$\phi(x)=\frac{f(x)}{f'(x)}$$

beschrieben. Welche Werte werden mit dem dazu gehörigen Iterationsverfahren berechnet?

Lösung: Die Fixpunktgleichung der obigen Iterationsvorschrift lautet

$$x=\frac{f(x)}{f'(x)}$$

und ist identisch erfüllt für alle Lösungen der Differentialgleichung

$$y'=\frac{y}{x} \quad \text{oder} \quad \frac{dy}{y}=\frac{dx}{x}$$

was auf die Lösungen $\ln y=\ln x+c$ oder $y=c\cdot x$ führt. Die Fixpunktgleichung ist für alle Punkte x^* erfüllt, wenn man $f(x)=c\cdot x+g(x)$ oder $f(x)=c\cdot x\cdot g(x)$ mit $g(x^*)=g'(x^*)=0$ setzt.

Es werden also die gemeinsamen Nullstellen der Funktion

$$g(x) = f(x) + c \cdot x \quad \text{oder} \quad g(x) = c \cdot x \cdot f(x)$$

und ihrer Ableitung g' berechnet. □

Aufgabe 6.6: Die Wurzel $\sqrt[m]{a}$ läßt sich als Lösung der Gleichung

$$f(x) = x^m - a = 0$$

berechnen. Wie lautet dazu die mit Hilfe des NEWTONschen Verfahrens aufgestellte Iterationsvorschrift?

Lösung: $f(x) = x^m - a,\ f'(x) = m \cdot x^{m-1}$

Dies führt auf die Iterationsfunktion

$$\phi(x) = x - \frac{x^m - a}{m \cdot x^{m-1}} = \frac{1}{m}\left[(m-1) \cdot x + \frac{a}{x^{m-1}}\right]. \ \square$$

Aufgabe 6.7: Eine Funktion $f: \mathbb{R} \to \mathbb{R}$ heißt konvex auf dem Intervall $I = [a, b]$, falls

$$f(\alpha \cdot x + (1-\alpha) \cdot y) \leq \alpha \cdot f(x) + (1-\alpha) \cdot f(y)$$

für alle $x, y \in I$ und $\alpha \in [0,1]$ erfüllt ist.

Für auf I differenzierbares f zeige man, daß die folgenden Aussagen äquivalent sind:

(a) f ist konvex auf I;

(b) $f(y) - f(x) \geq f'(x)(y - x)$ für alle $x, y \in I$;

(c) $(f'(y) - f'(x))(y - x) \geq 0$ für alle $x, y \in I$.

Lösung: Wir zeigen der Reihe nach, daß gilt
(a) ⇒ (b): Sei $\alpha \in (0,1]$, $x, y \in I$, dann folgt

$$f(y) - f(x) \geq \frac{1}{\alpha}\{f(x + \alpha \cdot (y - x)) - f(x)\}$$

Für $\alpha \to 0$ strebt der rechte Differenzenquotient aber gegen $f'(x)(y - x)$.

(b) $\Rightarrow$ (a): Sei $\alpha \in [0,1]$ und $x, y \in I$, dann setzen wir $z = \alpha \cdot x + (1-\alpha) \cdot y$, und dafür gilt

$$f(x) - f(z) \geq f'(z)(x-z),$$
$$f(y) - f(z) \geq f'(z)(y-z).$$

Wir multiplizieren die erste Ungleichung mit α und die zweite mit $(1-\alpha)$ und addieren danach beide neuen Ungleichungen und erhalten dabei

$$\alpha \cdot f(x) + (1-\alpha) \cdot f(y) - f(z) \geq f'(z)(\alpha \cdot x + (1-\alpha) \cdot y - z) = 0$$

(b) $\Rightarrow$ (c): Aus den beiden Ungleichungen

$$f(y) - f(x) \geq f'(x)(y-x)$$
$$f(x) - f(y) \geq f'(y)(x-y)$$

folgt nach Addition beider Ungleichungen die behauptete Beziehung.

(c) $\Rightarrow$ (b): Für $x, y \in I$ existiert ein $z = x + \beta \cdot (y-x)$ mit $\beta \in (0,1)$ mit $f(y) - f(x) = f'(z)(y-x)$ (Mittelwertsatz der Differentialrechnung). Daraus folgt nun

$$(f'(z) - f'(x))(y-x) = \frac{1}{\beta}(f'(z) - f'(x))(z-x) \geq 0$$

woraus dann aber

$$f(y) - f(x) = f'(z)(y-x) \geq f'(x)(y-x)$$

folgt. □

Aufgabe 6.8: Ist f zweimal differenzierbar auf dem Intervall $I = [a,b]$, dann zeige man: f ist auf I genau dann konvex (siehe Aufgabe 6.7), wenn $f''(x) \geq 0$ für alle $x \in I$ ist.

Lösung: Aufgrund der TAYLOR-Entwicklung mit Restglied gilt

$$f(y) - f(x) - f'(x)(y-x) = \frac{1}{2} f''\left(x + \theta \cdot (y-x)\right)(y-x)^2, \quad 0 < \theta < 1$$

Aus der Eigenschaft $f'' \geq 0$ folgt somit sogleich die Konvexität mit Hilfe der Bedingung (b) in Aufgabe 6.7.

Umgekehrt, falls f konvex ist, dann gilt nach Aufgabe 6.7 (c) mit $x+h,\ x \in I\ (h>0)$

$$0 \le \frac{1}{h}[f'(x+h) - f'(x)]$$

und für $h \to 0$ folgt somit $f'' \ge 0$ in I. □

Aufgabe 6.9: Sei die Funktion f im Intervall $[a,b]$ streng konvex, d. h. es sei das Kriterium $f' > 0,\ f'' > 0$ in $[a,b]$ erfüllt. Ferner gelte $f(x^*) = 0$ für ein $x^* \in [a,b]$ und $f'(x^*) \ne 0$. Dann erfüllt die Folge der Iterierten des NEWTON-Verfahrens $\{x^{(k)}\}$ für alle $x^{(0)} \in [a,b]$ mit $x^{(0)} > x^*$ die Bedingung

$$x^* < x^{(k+1)} < x^{(k)},\quad k \ge 0$$

Lösung: Es gilt offenbar für $x^{(0)} > x^*$ stets $f(x^{(0)}) > 0$. Dann folgt

$$x^{(1)} = x^{(0)} - f(x^{(0)}) / f'(x^{(0)}) < x^{(0)}$$

Außerdem gilt

$$\begin{aligned} x^{(1)} - x^* &= x^{(0)} - f(x^{(0)}) / f'(x^{(0)}) - x^* + f(x^*) / f'(x^{(0)}) \\ &= (x^{(0)} - x^*) - (f(x^{(0)}) - f(x^*)) / f'(x^{(0)}) \\ &= (x^{(0)} - x^*) - f'(\xi)(x^{(0)} - x^*) / f'(x^{(0)}) \\ &= (x^{(0)} - x^*)(1 - f'(\xi) / f'(x^{(0)})) \text{ mit } x^* < \xi < x^{(0)} \end{aligned}$$

Da aber $0 < f'(\xi) / f'(x^{(0)}) < 1$ ist, folgt damit $x^{(1)} - x^* > 0$ oder $x^{(1)} > x^*$. Der Rest der Behauptung wird auf analoge Weise durch vollständige Induktion bewiesen. □

Aufgabe 6.10: Unter den gleichen Voraussetzungen wie in Aufgabe 6.9 zeige man, daß für alle $x^{(0)} \in [a,b]$ mit $x^{(0)} < x^*$ stets

$$x^{(1)} > x^*$$

folgt.

Lösung: Wie in der Lösung der Aufgabe 6.8 erhält man

$$x^{(1)} - x^* = \left(x^{(0)} - x^*\right)\left(1 - f'(\xi) / f'\left(x^{(0)}\right)\right) \text{ mit } x^{(0)} < \xi < x^*.$$

Da nun $f'(\xi) / f'\left(x^{(0)}\right) > 1$ ist, folgt daraus hier

$$x^{(1)} - x^* > 0 \text{ also } x^{(1)} > x^*. \square$$

6.3 Polynomwurzelbestimmung

Gegeben sei ein Polynom p in normierter Darstellung

$$p(x) = x^n + a_{n-1}x^{n-1} + \ldots + a_1 x + a_0$$

Nach dem Fundamentalsatz der Algebra besitzt solch ein Polynom vom Grad n genau n - nicht notwendig verschiedene - Wurzeln

$$\xi_1, \xi_2, \ldots, \xi_n$$

und erlaubt die Darstellung durch Linearfaktoren

$$p(x) = \prod_{i=1}^{n} (x - \xi_i).$$

Zur Bestimmung von Nullstellen eines Polynoms können grundsätzlich alle Verfahren des Abschnittes 6.1 verwendet werden. Durch die besondere Gestalt eines Polynoms sind daneben aber auch noch spezielle Verfahren, welche auf Polynome zugeschnitten sind, bekannt.

6.4 Aufgaben zur Polynomwurzelbestimmung

Aufgabe 6.11: Man zeige: Alle Nullstellen ξ eines Polynoms p der Gestalt

$$p(z) = a_n z^n + a_{n-1} z^{n-1} + \ldots + a_1 z + a_0$$

erfüllen die Abschätzung

$$|\xi| \le r$$

wobei r die eindeutig positive Nullstelle des reellen Polynoms

$$q(x) = |a_n|x^n - |a_{n-1}|x^{n-1} - \ldots - |a_1|x - |a_0|$$

ist.

Lösung: Eine Nullstelle ξ erfüllt die Gleichung

$$a_n\xi^n = -a_{n-1}\xi^{n-1} - \ldots - a_1\xi - a_0$$

woraus die Ungleichung

$$|a_n\xi^n| \le |a_{n-1}\xi^{n-1}| + \ldots + |a_1\xi| + |a_0|$$

folgt. Das ergibt die Ungleichung

$$|a_n| \cdot |\xi|^n - |a_{n-1}| \cdot |\xi|^{n-1} - \ldots - |a_1| \cdot |\xi| - |a_0| \le 0$$

Aus ihr folgt, daß die Nullstelle ξ die behauptete Ungleichung erfüllen muß, da das Polynom auf der linken Seite der Ungleichung nach der DESCARTESschen Vorzeichenregel genau eine einfache positive Nullstelle besitzt und für alle größeren Werte von $|\xi|$ dann positiv wird. □

Aufgabe 6.12: Seien $z^{(k+1)}$ und $z^{(k)}$ zwei aufeinanderfolgende Iterierte des im komplexen ($z \in \mathbb{C}$) durchgeführten NEWTONschen Verfahrens angewendet auf ein Polynom p vom Grad n. Man zeige: Die Kreisscheibe $\left\{z \,\middle|\, |z - z^{(k)}| \le n \cdot |z^{(k)} - z^{(k+1)}| = n \cdot |p(z^{(k)})| / |p'(z^{(k)})|\right\}$ enthält mindestens eine Nullstelle von p.

Lösung: Nach dem Fundamentalsatz der Algebra läßt sich das Polynom p mit Hilfe seiner (komplexen) Nullstellen $r_1, r_2, \ldots, r_n$ darstellen als $p(z) = c \cdot \prod_{i=1}^{n}(z - r_i)$. Für die Ableitung von p ergibt sich daraus der Ausdruck

$$p'(z) = c \cdot \sum_{k=1}^{n} \prod_{\substack{i=1 \\ i \ne k}}^{n} (z - r_i) = p(z) \sum_{k=1}^{n} (z - r_k)^{-1}.$$

Wir zeigen nun, daß für jeden Wert von z ein Index j derart existiert, daß $|z - r_j| \le n \cdot |p(z)| / |p'(z)|$ gilt.

Der Beweis erfolgt indirekt. Dabei sei nun für alle Indizes j stets $|z-r_j| > n \cdot |p(z)| / |p'(z)|$ angenommen. Daraus würde aber nach oben folgen, daß

$$|z-r_j|^{-1} < \frac{1}{n} \cdot |p'(z)| \Big/ |p(z)| = \frac{1}{n} \cdot \left| \sum_{k=1}^{n} (z-r_k)^{-1} \right| \leq \frac{1}{n} \cdot \sum_{k=1}^{n} |z-r_k|^{-1}$$

Dies kann aber nicht richtig sein, da das auf der rechten Seite stehende arithmetische Mittel der Zahlen $|z-r_k|^{-1}$ nicht größer als alle diese Zahlen sein kann. Also muß die behauptete Ungleichung erfüllt sein, woraus die Behauptung der Aufgabe folgt. □

Aufgabe 6.13: Man zeige, daß die eindeutig positive Wurzel ξ der Gleichung

$$p(x) = x^m - a \cdot \sum_{i=1}^{n-1} x^i = 0, \ \ a \geq 1$$

die Abschätzung

$$\frac{n}{n+1}(a+1) < \xi < a+1$$

erfüllt.

Lösung: Wir definieren das Hilfspolynom

$$q(x) = (x-1) \cdot p(x) = x^{n+1} - (a+1)x^n + a$$

Dieses Polynom q hat neben der Wurzel 1 auch sämtliche Wurzeln des Polynoms p. Seine Ableitung ist

$$q'(x) = x^{n-1}((n+1) \cdot x - n \cdot (a+1))$$

Sie besitzt nur eine von Null verschiedene Wurzel, nämlich

$$x_0 = \frac{n}{n+1}(a+1) > 0$$

Da ferner $q(x_0) \neq 0$ $(a \neq 1,\ n > 1)$ ist, müssen alle Wurzeln von p und damit auch q einfach sein.

Es gilt $q(a+1) = a > 0$, also muß wegen $q(x) \to +\infty$ für $x \to +\infty$ dann $\xi < a+1$ gelten. Ferner ist $q(1) = 0$ und $q'(1) = (1 - n \cdot a) < 0$, q verläuft also im Punkte

$x=1$ fallend und für große Werte von x gilt ferner $q(x)\to+\infty$. Also muß die Nullstelle x_0 von q' links von ξ liegen, d. h. es muß $\xi > x_0$ gelten. □

Aufgabe 6.14: Man zeige, daß für alle Wurzeln ξ des Polynoms

$$p(x)=a_n x^n + a_{n-1}x^{n-1}+\ldots+a_1 x+a_0$$

die Abschätzung

$$|\xi| \le \max\left\{1, \frac{|a_{n-1}|}{|a_n|}+\ldots+\frac{|a_0|}{|a_n|}\right\}$$

gilt. (Vergleiche Aufgabe 7.26)

Lösung: Es gilt für eine Nullstelle ξ von p, daß

$$-a_n\xi^n = a_{n-1}\xi^{n-1}+\ldots+a_1\xi+a_0$$

ist. Daraus folgt für $|\xi|>1$ die Ungleichung

$$|a_n|\cdot|\xi|^n \le |a_{n-1}|\cdot|\xi|^{n-1} + |a_{n-2}|\cdot|\xi|^{n-1}+\ldots+|a_0|\cdot|\xi|^{n-1}$$

oder

$$|\xi| \le \sum_{i=0}^{n-1}\frac{|a_i|}{|a_n|}$$

Daraus ergibt sich dann die Behauptung. □

Aufgabe 6.15: Man zeige, daß die eindeutig positive Wurzel x^* des Polynoms

$$p(x)=c\cdot x^n + \sum_{i=1}^{n-1} b\cdot x^{n-i} - a$$

mit $c>0$, $b>0$ und $a>0$ die obere Schranke

$$x^* \le (a/c)^{\frac{1}{n}}$$

gilt.

Lösung: Wegen $x \geq 0$ gilt für das Polynom p die Abschätzung

$$p(x) \geq c \cdot x^n - a = q(x)$$

Da das Polynom q ebenfalls nur eine einzige positive Wurzel $\tilde{x}$ besitzt und in $x \geq 0$ stets unterhalb von p verläuft gilt für die beiden Wurzeln die Beziehung $x^* \leq \tilde{x}$. Die Wurzel $\tilde{x}$ kann aber explizit berechnet werden und ist gleich der zu beweisenden oberen Schranke. □

§ 7 Matrixanalysis und Normen

7.1 Hilfsmittel aus der Matrixanalysis

Es bezeichne $A = (a_{ij})$ eine reelle oder komplexe $n \times n$-Matrix.

λ heißt ein Eigenwert von A, falls ein Vektor $x \in \mathbb{C}^n$ mit $x \neq 0$ existiert, so daß gilt: $A \cdot x = \lambda \cdot x$.

Der Spektralradius $\rho(A)$ einer Matrix ist definiert als

$$\rho(A) = \max\{|\lambda| : \lambda \text{ Eigenwert von } A\}.$$

Die Matrixfolge $\{A^k\}$ konvergiert gegen die Nullmatrix, i. Z. $\lim_{k\to\infty} A^k = 0$, genau dann wenn gilt $\rho(A) < 1$.

Es gilt: Besitzt eine Matrix A $\rho(A) < 1$, so ist $I - A$ nichtsingulär, und es gilt

$$(I - A)^{-1} = I + A + A^2 + A^3 + \ldots \quad \text{(NEUMANNsche Reihe).}$$

Sei $A = (a_{ij})$ dann ist $R_i(A) = \sum_{\substack{j=1 \\ j\neq 0}}^{n} |a_{ij}|$ definiert. Es gilt

$$\{\lambda | \lambda \text{ Eigenwert von } A\} \subseteq \bigcup_{i=1}^{n} \{z \,|\, |z - a_{ii}| \leq R_i(A)\}$$ (Satz von GERSCHGORIN)

7.2 Aufgaben zur Matrixanalysis

Aufgabe 7.1: Es gelte für zwei Matrizen A und B die Ungleichung

$$\rho(I - A \cdot B) < 1$$

Man zeige, daß A und B dann invertierbar sind.

Lösung: Nach Voraussetzung gilt dann $\rho(I - A \cdot B) < 1$, also existiert $(I - (I - A \cdot B))^{-1} = (A \cdot B)^{-1} = \sum_{k=0}^{\infty} (I - A \cdot B)^k$.

Dann aber ist $A^{-1} = B\cdot(A\cdot B)^{-1}$, denn

$$A\cdot\left[B\cdot(A\cdot B)^{-1}\right]=(A\cdot B)\cdot(A\cdot B)^{-1}=I$$

Genauso folgt, daß $B^{-1}=(A\cdot B)^{-1}\cdot A$ ist, denn es gilt

$$\left[(A\cdot B)^{-1}\cdot A\right]\cdot B=(A\cdot B)^{-1}\cdot(A\cdot B)=I. \ \square$$

Aufgabe 7.2: Man zeige, daß für eine singuläre Matrix A die Ungleichung

$$\rho(I-A)\geqq 1$$

gilt.

Lösung: Wir nehmen an, daß die Ungleichung $\rho(I-A)<1$ gilt. Dann existiert die Inverse von $(I-(I-A))=A$, was der gemachten Voraussetzung widerspricht. □

Aufgabe 7.3: Man zeige, daß

$$\rho(A\cdot B)\le\rho(A)\cdot\rho(B)$$

für alle unteren Dreiecksmatrizen gilt. Gilt dies für allgemeine Matrizen?

Lösung: Für eine untere Dreiecksmatrix

$$U=\begin{pmatrix} u_{11} & & & \\ x & u_{22} & & \\ \vdots & & \ddots & \\ x & x & \dots & u_{nn} \end{pmatrix}$$

gilt $\rho(U)=\max\limits_{1\le i\le n}|u_{ii}|$. Da das Produkt zweier unterer Dreiecksmatrizen $U\cdot V$ wiederum eine untere Dreiecksmatrix ist mit den Diagonalelementen $u_{ii}\cdot v_{ii}$, gilt damit $\rho(U\cdot V)=\max\limits_{1\le i\le n}|u_{ii}|\cdot|v_{ii}|\le\left(\max\limits_{1\le i\le n}|u_{ii}|\right)\cdot\left(\max\limits_{1\le i\le n}|v_{ii}|\right)=\rho(U)\cdot\rho(V)$.

Für allgemeine Matrizen gibt es folgendes Gegenbeispiel:

$$A=\begin{pmatrix}0 & 1\\ 1 & 0\end{pmatrix},\ B=\begin{pmatrix}1 & 1\\ 0 & 1\end{pmatrix},\text{ wobei } \rho(A)=\rho(B)=1 \text{ ist.}$$

Es ist aber $\rho(A\cdot B)=\rho\begin{pmatrix}0 & 1\\ 1 & 1\end{pmatrix}=\dfrac{1+\sqrt{5}}{2}\approx 1.6>1=\rho(A)\cdot\rho(B)$. □

Aufgabe 7.4: Die Matrix $A=(a_{ij})$ sei streng diagonaldominant, mit $D=diag(a_{11},\ldots,a_{nn})$. Man zeige, daß gilt

$$\rho(I-D^{-1}A)<1$$

Lösung: Aus der strengen Diagonaldominanz von A folgt, daß

$$|a_{ii}|>\sum_{\substack{j=1\\ j\neq i}}^{n}|a_{ij}|,\quad 1\leq i\leq n$$

ist und damit $|a_{ii}|>0$ (oder $a_{ii}\neq 0$) $1\leqq i\leqq n$ sein muß. Also existiert die Inverse D^{-1}.

Für $B=I-D^{-1}A$ gilt $b_{ii}=0,\ 1\leqq i\leqq n$ und aus Aufgabe 7.6 folgt, daß

$$\rho(B)\leqq\prod_{i=1}^{n}\left(\sum_{j=1}^{n}|b_{ij}|\right)=\prod_{i=1}^{n}\left(\sum_{j=1}^{n}|a_{ij}|/|a_{ii}|\right)<1.\ \square$$

Aufgabe 7.5: Gegeben sei das Iterationsverfahren

$$X^{(k+1)}=X^{(k)}\left(2\cdot I-A\cdot X^{(k)}\right),\ k\geq 0$$

für eine nichtsinguläre Matrix A mit gegebener Startmatrix $X^{(0)}$.

Man zeige: Die Folge der Matrizen $\{X^{(k)}\}$ konvergiert genau dann gegen A^{-1}, wenn $\rho\left(I-A\cdot X^{(0)}\right)<1$ gilt.

Lösung: Aus der obigen rekursiven Vorschrift leitet man leicht die Rekursion

$$\begin{aligned} I-A\cdot X^{(k+1)}&=I-A\cdot X^{(k)}\cdot\left(2\cdot I-A\cdot X^{(k)}\right)\\ &=\left(I-A\cdot X^{(k)}\right)^2\end{aligned}$$

ab. Induktiv zurückgerechnet ergibt dies die Rekursion

$$I - A \cdot X^{(k+1)} = \left(I - A \cdot X^{(0)}\right)^{2^{k+1}}$$

Somit konvergiert $I - A \cdot X^{(k+1)} \to 0$, d. h. $X^{(k+1)} \to A^{-1}$, genau dann, wenn $\rho\left(I - A \cdot X^{(0)}\right) < 1$ gilt. □

Aufgabe 7.6: Man zeige, daß für eine Matrix $A = \left(a_{ij}\right)$ die Abschätzung

$$\left|\det(A)\right| \leqq \prod_{i=1}^{n}\left(\sum_{j=1}^{n}\left|a_{ij}\right|\right)$$

gilt.

Lösung: Falls für ein i_0 die Gleichheit $\sum_{j=1}^{n}\left|a_{i_0 j}\right| = 0$ gilt, dann ist $\left|a_{i_0 j}\right| = 0,\ 1 \leq j \leq n$. Somit ist $\det(A) = 0$ und es ist nichts zu zeigen. Wir nehmen also an, daß $\sum_{j=1}^{n}\left|a_{ij}\right| \neq 0,\ 1 \leq i \leq n$. Dann betrachten wir die Matrix B mit $b_{ij} = a_{ij} \Big/ \left(\sum_{j=1}^{n}\left|a_{ij}\right|\right)$, $1 \leqq i \leqq n$. Dies entspricht der transformierten Matrix $B = D^{-1} \cdot A$ mit $D = diag\left(1 \Big/ \left(\sum_{j=1}^{n}\left|a_{1j}\right|\right), \ldots, 1 \Big/ \left(\sum_{j=1}^{n}\left|a_{nj}\right|\right)\right)$. Aus dem Satz von GERSCHGORIN folgt, daß für einen Eigenwert λ von B gilt: $|\lambda| - \left|b_{ii}\right| \leqq \left|\lambda - b_{ii}\right| \leqq \sum_{\substack{j=1 \\ j \neq i}}^{n}\left|b_{ij}\right|$, also $|\lambda| \leq \sum_{j=1}^{n}\left|b_{ij}\right| = \left(\sum_{j=1}^{n}\left|a_{ij}\right|\right) \Big/ \left(\sum_{j=1}^{n}\left|a_{ij}\right|\right) = 1,\ 1 \leqq i \leqq n$. Da $\left|\det(B)\right| = \left|\prod_{i=1}^{n}\lambda_i\right|$ gilt (= konstanter Koeffizient des charakteristischen Polynoms von B), folgt

$$\left|\det(A)\right| = \left|\det\left(D^{-1}\right)\right|\left|\det(B)\right| = \left|\det\left(D^{-1}\right)\right| \cdot \left|\prod_{i=1}^{n}\lambda_i\right| \leq \prod_{i=1}^{n}\left(\sum_{j=1}^{n}\left|a_{ij}\right|\right) \cdot 1. \ \square$$

Aufgabe 7.7: Man zeige mit Hilfe von Aufgabe 7.7, daß für eine Matrix $A = \left(a_{ij}\right)$ die Ungleichung

$$\left|\det(A)\right| \leqq \prod_{j=1}^{n}\left(\sum_{i=1}^{n}\left|a_{ij}\right|\right)$$

gilt.

Lösung: Es gilt $\det(A) = \det(A^T)$, wobei $a_{ij}^T = a_{ji}$, $1 \leqq i,\ j \leqq n$ ist. Nun wenden wir die Ungleichung von Aufgabe 7.6 für die Matrix A^T an und erhalten damit

$$|\det(A)| = |\det(A^T)| \leq \prod_{i=1}^{n}\left(\sum_{j=1}^{n}|a_{ij}^T|\right) = \prod_{j=1}^{n}\left(\sum_{i=1}^{n}|a_{ij}|\right). \square$$

Aufgabe 7.8: Sei A idempotent, d. h. $A^2 = A$, mit $A \neq I$. Man zeige, daß A dann nicht streng diagonaldominant sein kann.

Lösung: Wir nehmen an, daß die Matrix $A = (a_{ij})$ streng diagonaldominant sei. Dann existiert nach Aufgabe 7.2 (oder 7.4) die Inverse A^{-1} und es folgt aus der Gleichung für die Idempotenz

$$A^{-1} \cdot A^2 = A = I$$

was einen Widerspruch darstellt. Also kann A nicht streng diagonaldominant sein. □

7.3 Vektor- und Matrixnormen

Eine Abbildung $\|\cdot\|$ der Vektoren $x = (x_i)$ aus $\mathbb{C}^n$ in $\mathbb{R}$ heißt eine *Vektornorm* wenn gilt:

(1) $\|x\| \geq 0$, $\|x\| = 0 \Leftrightarrow x = 0$ (Positivität),

(2) $\|c \cdot x\| = |c| \cdot \|x\|$ für alle Skalare c (Homogenität),

(3) $\|x + y\| \leq \|x\| + \|y\|$ (Dreiecksungleichung).

Beispiele für Vektornormen:

(a) Die Summennorm.

$$\|x\|_1 = \sum_{i=1}^{n}|x_i| \text{ für } x = (x_1, x_2, \ldots, x_n) \in \mathbb{C}^n$$

(b) Die Maximumnorm.

$$\|x\|_\infty = \max_{1 \leq i \leq n}|x_i| \text{ für } x = (x_1, x_2, \ldots, x_n) \in \mathbb{C}^n$$

(c) Die EUKLIDsche Norm.

$$\|x\|_2 = \left(\sum_{i=1}^{n} |x_i|^2\right)^{\frac{1}{2}}$$

Entsprechend gilt, daß eine Abbildung $\|\cdot\|$ der komplexen $n \times n$-Matrizen in $\mathbb{R}$ eine *Matrixnorm* darstellt, wenn die entsprechenden Axiome gelten:

(I) $\|A\| \geq 0$, $\|A\| = 0 \Leftrightarrow A = 0$ (Positivität),

(II) $\|c \cdot A\| = |c| \cdot \|A\|$ für alle Skalare c (Homogenität),

(III) $\|A + B\| \leq \|A\| + \|B\|$ (Dreiecksungleichung),

(IV) $\|A \cdot B\| \leq \|A\| \cdot \|B\|$ (Multiplikativität).

Eine Vektornorm heißt mit einer Matrixnorm *verträglich*, falls gilt

$$\|A \cdot x\| \leq \|A\| \cdot \|x\| \text{ für alle Matrizen } A \text{ und Vektoren } x.$$

Zu einer Vektornorm $\|\cdot\|$ kann man stets eine verträgliche Matrixnorm (Operatornorm) definieren durch

$$\|A\| = \sup_{x \neq 0} \frac{\|A \cdot x\|}{\|x\|}$$

Für den Spektralradius $\rho(A)$ einer Matrix A gilt (für eine beliebige) Matrixnorm $\|\cdot\|$ die Abschätzung

$$\rho(A) \leq \|A\|.$$

Für eine nichtsinguläre Matrix A ist zu einer Matrixnorm $\|\cdot\|$ die *Konditionszahl* κ definiert als

$$\kappa(A) = \|A\| \cdot \|A^{-1}\|.$$

Beispiele für Matrixnormen:

(a) Die Spaltensummennorm.

$$\|A\|_1 = \max_{1 \leq j \leq n} \sum_{i=1}^{n} |a_{ij}| \text{ für } A = (a_{ij})$$

(b) Die Zeilensummennorm.

$$\|A\|_\infty = \max_{1\le i\le n} \sum_{j=1}^{n} |a_{ij}| \text{ für } A = (a_{ij})$$

7.4 Aufgaben zu Vektor- und Matrixnormen

Aufgabe 7.9: Man zeige, daß die Zeilensummennorm $\|\cdot\|_\infty$ für Matrizen und die Vektornorm $\|\cdot\|_\infty$

(a) verträgliche Normen sind, und

(b) daß die Matrixnorm $\|\cdot\|_\infty$ die Operatornorm der Vektornorm $\|\cdot\|_\infty$ ist.

Lösung: Zu (a): $\|Ax\|_\infty = \max_{1\le i\le n} \sum_{j=1}^{n} |a_{ij}x_j| = \max_{1\le i\le n} \sum_{j=1}^{n} |a_{ij}| \cdot |x_j|$

$$\le \left(\max_{1\le i\le n} \sum_{j=1}^{n} |a_{ij}| \right) \cdot \left(\max_{1\le j\le n} |x_j| \right)$$
$$= \|A\|_\infty \cdot \|x\|_\infty .$$

Zu (b): Sei $\|A\|_\infty = \sum_{j=1}^{n} |a_{kj}|$ für ein $1 \le k \le n$.

Dann setzen wir $y = (y_i)^T$ mit $y_i = \begin{cases} 1 & \text{falls} \quad a_{ki} > 0, \\ -1 & \text{falls} \quad a_{ki} \le 0. \end{cases}$

Dafür gelten dann

$$\|Ay\|_\infty = \max_{1\le i\le n} \left| \sum_{j=1}^{n} a_{ij} y_j \right| = \sum_{j=1}^{n} |a_{kj}| = \|A\|_\infty$$

und $\|y\|_\infty = 1$, also zusammen

$$\|A\|_\infty = \frac{\|Ay\|_\infty}{\|y\|_\infty} . \ \square$$

Aufgabe 7.10: Man zeige, daß die Spaltensummennorm $\|\cdot\|_1$ für Matrizen und die Summennorm $\|\cdot\|_1$ für Vektoren

(a) verträgliche Normen sind und

(b) daß die Matrixnorm $\|\cdot\|_1$ die Operatornorm zur Vektornorm $\|\cdot\|_1$ ist.

Lösung: Zu (a): $\|Ax\|_1 = \sum_{i=1}^{n}\left|\sum_{j=1}^{n} a_{ij}x_j\right| \leq \sum_{i=1}^{n}\sum_{j=1}^{n}|a_{ij}|\cdot|x_j|$

$$\leq \left(\max_{1\leq j\leq n}\sum_{i=1}^{n}|a_{ij}|\right)\cdot\sum_{j=1}^{n}|x_j| = \|A\|_1\cdot\|x\|_1 .$$

Zu (b): Sei $\|A\|_1 = \sum_{i=1}^{n}|a_{ik}|$ für ein $1\leq k\leq n$.
Dann gelten für $y=(y_i)^T$ mit $y_k=1$, $y_i=0$ für $i\neq k$

$$\|Ay\|_1 = \sum_{i=1}^{n}\left|\sum_{j=1}^{n} a_{ij}\cdot y_j\right| = \sum_{i=1}^{n}|a_{ik}| = \|A\|_1$$

und $\|y\|_1 = 1$, also zusammen

$$\|A\|_1 = \frac{\|Ay\|_1}{\|y\|_1}. \square$$

Aufgabe 7.11: Man zeige, daß der Spektralradius ρ einer Matrix keine Matrixnorm darstellt.

Lösung: $\rho(A)=0$ mit $A\neq 0$ ist möglich, z. B. für $A=\begin{pmatrix}0&0\\1&0\end{pmatrix}$. Außerdem ist auch $\rho(A+B)>\rho(A)+\rho(B)$ möglich, z. B. setze man dafür A wie oben und $B=\begin{pmatrix}0&1\\0&0\end{pmatrix}$. Dann gelten $\rho(A)=\rho(B)=0$ aber $\rho(A+B)=\rho\begin{pmatrix}0&1\\1&0\end{pmatrix}=1$.

Aufgabe 7.12: Man zeige für die Vektornorm $\|\cdot\|_\alpha$ die Ungleichungen

(a) $\|x\|_\infty \leq \|x\|_2 \leq \|x\|_1$ für $x\in\mathbb{R}^n$, wobei Gleichheit für vom Nullvektor verschiedene Vektoren auftreten kann;

(b) $\|x\|_1 \leq n\cdot\|x\|_\infty$,
$\|x\|_2 \leq \sqrt{n}\cdot\|x\|_\infty$ für $x\in\mathbb{R}^n$

gelten.

Lösung: Zu (a): $\|x\|_\infty = \max_{1\le i\le n}|x_i| \le \sqrt{\sum_{i=1}^{n}|x_i|^2} = \|x\|_2$, wobei für $x=(1, 0, \ldots, 0)$ Gleichheit gilt.

$\|x\|_2 = \sqrt{\sum_{i=1}^{n}|x_i|^2} \le \sum_{i=1}^{n}|x_i| = \|x\|_1$, da offenbar

$\sum_{i=1}^{n}|x_i|^2 \le \left(\sum_{i=1}^{n}|x_i|\right)^2$

gilt. Für $x=(1, 0, \ldots, 0)$ gilt Gleichheit.

Zu (b): $\|x\|_1 = \sum_{i=1}^{n}|x_i| \le n\cdot\max_{1\le i\le n}|x_i| = n\cdot\|x\|_\infty$,

$\|x\|_2 = \sqrt{\sum_{i=1}^{n}|x_i|^2} \le \sqrt{n\cdot\max_{1\le i\le n}|x_i|^2} = \sqrt{n}\cdot\|x\|_\infty$. □

Aufgabe 7.13: Eine Matrixnorm $\|\cdot\|$ habe die Eigenschaft $\|I\|=1$. Man zeige dafür die Ungleichung

$$\frac{1}{1+\|A\|} \le \left\|(I-A)^{-1}\right\| \le \frac{1}{1-\|A\|}$$

für jede Matrix A mit $\|A\|<1$.

Lösung: Wegen $\rho(A)\le\|A\|<1$ konvergiert die NEUMANNsche Reihe

$$(I-A)^{-1} = I + A + A^2 + \ldots$$

und es gilt mit Hilfe der Dreiecksungleichung die Abschätzung

$$\left\|(I-A)^{-1}\right\| \le 1+\|A\|+\|A\|^2+\ldots = \frac{1}{1-\|A\|}.$$

Ferner gilt wegen $1=\left\|B\cdot B^{-1}\right\|\le\|B\|\cdot\left\|B^{-1}\right\|$ für jede nichtsinguläre Matrix B, wenn wir $B=I-A$ setzen, daß

$$\left\|(I-A)^{-1}\right\| \ge \frac{1}{\|I-A\|} \ge \frac{1}{1+\|A\|}$$

ist. □

Aufgabe 7.14: A und B seien zwei Matrizen und A sei nichtsingulär. Man zeige: Falls $A+B$ singulär ist, dann gilt für jede Matrixnorm $\|\cdot\|$ die Abschätzung $\|B\| \geq 1/\|A^{-1}\|$.

Lösung: Es ist $A+B = A(I + A^{-1}B)$.

Wir nehmen an, daß $\|A^{-1}B\| < 1$ gelte. Dann ist aber $I + A^{-1}B$ nichtsingulär, denn die NEUMANNsche Reihe

$$(I + A^{-1}B)^{-1} = I - A^{-1}B + (A^{-1}B)^2 - \ldots$$

konvergiert. Also ist dann auch das Matrixprodukt $A \cdot (I + A^{-1}B) = A + B$ nichtsingulär. Dies ist ein Widerspruch.

Es gilt also $\|A^{-1}B\| \geq 1$. Somit folgt $\|A^{-1}\| \cdot \|B\| \geq \|A^{-1}B\| \geq 1$, also die Behauptung. □

Aufgabe 7.15: Es sei zu einer Matrix $A = (a_{ij})$

$$\|A\| = \sum_{i=1}^{n} \sum_{j=1}^{n} |a_{ij}|$$

definiert. Man zeige, daß es sich dabei um eine Matrixnorm handelt. Ist dies auch eine Operatornorm zu einer Vektornorm $\|\cdot\|$?

Lösung: Die Eigenschaften (I) - (III) für Matrixnormen gelten offenbar (da sie elementweise für den Betrag $|\cdot|$ gelten). Sei nun $C = A \cdot B$ mit $c_{ij} = \sum_{k=1}^{n} a_{ik} b_{kj}$. Dann folgt:

$$\begin{aligned} \|C\| &= \sum_{i=1}^{n} \sum_{j=1}^{n} |c_{ij}| = \sum_{i=1}^{n} \sum_{j=1}^{n} \left| \sum_{k=1}^{n} a_{ik} b_{kj} \right| \\ &\leq \sum_{i=1}^{n} \sum_{j=1}^{n} \sum_{k=1}^{n} |a_{ik}| \cdot |b_{kj}| \leq \left(\sum_{i=1}^{n} \sum_{k=1}^{n} |a_{ik}| \right) \left(\sum_{k=1}^{n} \sum_{j=1}^{n} |b_{kj}| \right) \\ &= \|A\| \cdot \|B\|. \end{aligned}$$

Es ist aber $\|I\| = n$. Da für jede Operatornorm $\|\cdot\|$ aber notwendigerweise $\|I\| = 1$ gelten muß, kann die obige Matrixnorm nicht Operatornorm sein. □

Aufgabe 7.16: Für welche Werte von $c \in \mathbb{R}^+$ ist

$$\|A\| = c \cdot \max_{i,j} |a_{ij}|$$

eine Matrixnorm für Matrizen $A = (a_{ij})$?

Lösung: Die Eigenschaften (I) - (III) für Matrixnormen sind für den obigen Ausdruck offensichtlich erfüllt. Eigenschaft (IV) bedeutet

$$\begin{aligned}\|A \cdot B\| = c \cdot \max_{i,j} \left|\sum_{k=1}^{n} a_{ik} b_{kj}\right| &\le c \cdot \max_{i,j} \sum_{k=1}^{n} |a_{ik}| \cdot |b_{kj}| \\ &\le c \cdot n \cdot \left(\max_{i,j} |a_{ij}|\right) \cdot \left(\max_{i,j} |b_{ij}|\right),\end{aligned}$$

wobei Gleichheit für z. B. $A = \begin{pmatrix} 1 & 1 \\ 1 & 1 \end{pmatrix} = B$ steht. Die rechte Seite muß aber $\le c^2 \cdot \left(\max_{i,j} |a_{ij}|\right)\left(\max_{i,j} |b_{ij}|\right)$ sein, was nur für Werte $c \ge n$ der Fall ist. □

Aufgabe 7.17: Eine Matrix $A = (a_{ij})$ heißt streng diagonaldominant, wenn

$$|a_{ii}| > \sum_{\substack{j=1 \\ j \ne i}}^{n} |a_{ij}|, \; 1 \le i \le n,$$

gilt. Man zeige: Eine streng diagonaldominante Matrix ist invertierbar.

Lösung: Wegen der strengen Diagonaldominanz der Matrix $A = (a_{ij})$ gilt

$$1 > \sum_{\substack{j=1 \\ j \ne i}}^{n} \frac{|a_{ij}|}{|a_{ii}|}, \; 1 \le i \le n,$$

oder wegen $D^{-1}A = \left(\dfrac{a_{ij}}{a_{ii}}\right)$ mit $D = diag(a_{11}, \ldots, a_{nn})$

$$\|I - D^{-1}A\|_\infty < 1,$$

was dann $\rho(I - D^{-1}A) < 1$ zur Folge hat. Mit Aufgabe 7.1 schließen wir daraus aber, daß A invertierbar ist. □

Aufgabe 7.18: Für eine streng diagonaldominante Matrix $A=\left(a_{ij}\right)$ (siehe Aufgabe 7.17 zeige man die Ungleichung

$$\left\|A^{-1}\right\|_\infty \leqq \frac{1}{\min\limits_{1\le i\le n}\left(\left|a_{ii}\right|-\sum\limits_{\substack{j=1\\ j\ne i}}^{n}\left|a_{ij}\right|\right)}$$

und gebe damit eine Abschätzung für die Konditionszahl einer streng diagonaldominanten Matrix bezüglich der Zeilensummennorm an.

Lösung: Für einen Vektor $x=\left(x_1,\ldots,x_n\right)\ne 0$ gelte $\|x\|_\infty = x_k$ für ein $1\le k\le n$. Mit $y=Ax$ ergibt sich dann:

$$\begin{aligned}
\|y\|_\infty &= \|Ax\|_\infty = \max_{1\le i\le n}\left|\sum_{j=1}^{n} a_{ij}x_j\right| \\
&\geqq \left|\sum_{j=1}^{n} a_{kj}x_j\right| = \left|a_{kk}x_k + \sum_{\substack{j=1\\ j\ne k}}^{n} a_{kj}x_j\right| \\
&\geqq \left|a_{kk}\right|\,\|x\|_\infty - \left|\sum_{\substack{j=1\\ j\ne k}}^{n} a_{kj}x_j\right| \\
&\geqq \left|a_{kk}\right|\,\|x\|_\infty - \sum_{\substack{j=1\\ j\ne k}}^{n}\left|a_{kj}\right|\left|x_j\right| \\
&\geqq \left(\left|a_{kk}\right|-\sum_{\substack{j=1\\ j\ne k}}^{n}\left|a_{kj}\right|\right)\cdot\|x\|_\infty \\
&\geqq \min_{1\le i\le n}\left(\left|a_{ii}\right|-\sum_{\substack{j=1\\ j\ne i}}^{n}\left|a_{ij}\right|\right)\cdot\|x\|_\infty .
\end{aligned}$$

Mit $x=A^{-1}y$ folgt dann

$$\frac{\|y\|_\infty}{\left\|A^{-1}y\right\|_\infty} \geqq \min_{1\le i\le n}\left(\left|a_{ii}\right|-\sum_{\substack{j=1\\ j\ne i}}^{n}\left|a_{ij}\right|\right)$$

und da die Zeilensummennorm die Operatornorm zur Vektornorm $\|\cdot\|_\infty$ ist, folgt daraus dann

$$\|A^{-1}\|_\infty = \sup_{y \neq 0} \frac{\|A^{-1}y\|_\infty}{\|y\|_\infty} \leqq \frac{1}{\min\limits_{1 \leq i \leq n} \left(|a_{ii}| - \sum\limits_{\substack{j=1 \\ j \neq i}}^{n} |a_{ij}| \right)}$$

Für die Konditionszahl $\kappa(A)$ gilt dann aber die Abschätzung

$$\kappa(A) \leqq \frac{\max\limits_{1 \leq i \leq n} \left(|a_{ii}| + \sum\limits_{\substack{j=1 \\ j \neq i}}^{n} |a_{ij}| \right)}{\min\limits_{1 \leq i \leq n} \left(|a_{ii}| - \sum\limits_{\substack{j=1 \\ j \neq i}}^{n} |a_{ij}| \right)} \leq \frac{2 \max\limits_{1 \leq i \leq n} |a_{ii}|}{\min\limits_{1 \leq i \leq n} \left(|a_{ii}| - \sum\limits_{\substack{j=1 \\ j \neq i}}^{n} |a_{ij}| \right)}. \square$$

Aufgabe 7.19: Es sei A eine nichtsinguläre Matrix und X sei eine Näherung für A^{-1}. Man zeige die Abschätzungen

$$\frac{\|A^{-1} - X\|}{\|A^{-1}\|} \leqq \|R\| \text{ mit } R = AX - I$$

und

$$\|XA - I\| \leqq \kappa(A) \cdot \|R\|$$

Lösung: Wegen $R = AX - I$ folgt $A^{-1}R = X - A^{-1}$, und daraus folgt wiederum mit $\|A^{-1}\| \cdot \|R\| \geqq \|A^{-1}R\| = \|X - A^{-1}\|$ die erste Ungleichung.

Weiter gilt $A^{-1}R = X - A^{-1}$ und damit $A^{-1}RA = XA - I$, also $\|XA - I\| \leqq \|A\| \, \|A^{-1}\| \, \|R\| = \kappa(A) \cdot \|R\|$. $\square$

Aufgabe 7.20: Die nichtsinguläre Matrix A besitze die Eigenwerte λ_i, $1 \leqq i \leqq n$. Für jede Matrixnorm $\|\cdot\|$ gilt dann, falls $\|I\| = 1$ ist,

$$\kappa(A) \geq \rho(A) / \left(\min_{1 \leq i \leq n} |\lambda_i| \right)$$

Lösung: Es gilt für jede Matrixnorm und jeden Eigenwert λ_i

$$|\lambda_i| \leqq \rho(A),$$

sowie wegen $\|A^{-1}\| \cdot \|A\| \geq \|A^{-1}A\| = \|I\| = 1$

außerdem $\|A^{-1}\| \geqq \max\limits_{1 \le i \le n} \frac{1}{|\lambda_i|} = 1 / \left(\min\limits_{1 \le i \le n} |\lambda_i| \right)$. Mit $\rho(A) \leq \|A\|$ folgt aber zusammengenommen die behauptete Ungleichung. □

Aufgabe 7.21: Man zeige, daß für den Spektralradius $\rho(A)$ einer nichtsingulären Matrix A die Abschätzung

$$\rho(A) \geqq 1 / \|A^{-1}\|$$

gilt.

Lösung: Sei $\lambda \neq 0$ ein Eigenwert zur Matrix A, dann ist $\mu = 1/\lambda$ ein Eigenwert zur inversen Matrix A^{-1}. Das ergibt die Gleichung $\rho(A) = 1/\rho(A^{-1})$. Für den Spektralradius $\rho(A^{-1})$ gilt aber die Abschätzung $\|A^{-1}\| \geqq \rho(A^{-1}) = 1/\rho(A)$, woraus dann die behauptete Ungleichung folgt. □

Aufgabe 7.22: Man gebe eine Matrix A derart an, daß $\rho(A) < \|A\|$ für alle Matrixnormen $\|\cdot\|$ gilt.

Lösung: Sei $A = \begin{pmatrix} 0 & 1 \\ 0 & 0 \end{pmatrix}$, dann gilt offenbar $\rho(A) = 0$. Es gilt aber wegen Eigenschaft (I) für alle Matrixnormen $\|\cdot\|$ stets $\|A\| > 0$. □

Aufgabe 7.23: Es sei $\|\cdot\|$ eine Matrixnorm. Man zeige: $c \cdot \|\cdot\|$ ist genau dann eine Matrixnorm, wenn $c \geqq 1$ gilt.

Lösung: Die definierenden Eigenschaften (I) - (III) für eine Matrixnorm sind für alle Werte von $c > 0$ erfüllt. Eigenschaft (IV) für die obige Definition bedeutet, daß

$$c\|A \cdot B\| \leqq c^2 \|A\| \cdot \|B\|$$

gelten muß. Das ist genau dann der Fall, wenn $c \geqq 1$ ist. □

Aufgabe 7.24: Man zeige, daß für eine reguläre Matrix A und eine reguläre Matrix $A + B$ die Ungleichung

$$\|A^{-1}-(A+B)^{-1}\| \leqq \|A^{-1}\| \cdot \|(A+B)^{-1}\| \cdot \|B\|$$

gilt.

Lösung: Aus der Identität

$$(A+B)\cdot A^{-1}-I=B\cdot A^{-1}$$

folgt durch Multiplikation von links mit $(A+B)^{-1}$ die Gleichung

$$A^{-1}-(A+B)^{-1}=(A+B)^{-1}\cdot BA^{-1},$$

woraus durch Anwendung einer Matrixnorm und unter Beachtung von (IV) die behauptete Ungleichung folgt. □

Aufgabe 7.25: Das Polynom

$$p(z)=z^n+a_{n-1}z^{n-1}+\ldots+a_1z+a_0,\ a_0\neq 0$$

besitzt nur von Null verschiedene Wurzeln. Man kann zu p die Begleitmatrix

$$A(p)=\begin{pmatrix} -a_{n-1} & \cdots & \cdots & \cdots & -a_0 \\ 1 & 0 & \cdots & \cdots & 0 \\ & \ddots & 0 & & \vdots \\ & 0 & \ddots & & \vdots \\ & & & 1 & 0 \end{pmatrix}$$

betrachten. Offenbar ist das charakteristische Polynom der Matrix $A(p)$ gleich p. Somit sind die Eigenwerte von $A(p)$ gleich den Wurzeln von p. Man zeige die folgende (CAUCHYschen) Schranken für die Nullstellen λ von p:

$$\frac{|a_0|}{|a_0|+\max\{1,|a_{n-1}|,\ldots,|a_1|\}} \leqq |\lambda| \leqq 1+\max\{|a_0|,\ldots,|a_{n-1}|\}$$

Lösung: Wir wenden auf die Begleitmatrix $A(p)$ die Matrixnorm $\|\cdot\|_\infty$ an und erhalten dabei

$$\begin{aligned}|\lambda| &\leqq \rho(A(p)) \leqq \|A(p)\|_\infty = \max\{|a_0|,\ 1+|a_1|,\ \ldots,\ 1+|a_{n-1}|\} \\ &\leqq 1+\max\{|a_0|,\ \ldots,\ |a_{n-1}|\}\end{aligned}$$

Zur Herleitung der unteren Schranke für λ betrachten wir das Polynom

$$q(z) = \frac{1}{a_0} \cdot z^n \cdot p(1/z) = z^n + \frac{a_1}{a_0} z^{n-1} + \ldots + \frac{a_{n-1}}{a_0} z + \frac{1}{a_0}$$

welches genau die Nullstellen $1/\lambda$ besitzt, wenn λ Nullstelle von p ist. Betrachtet man nun die Begleitmatrix zum Polynom q

$$A(q) = \begin{pmatrix} -\frac{a_1}{a_0} & \ldots & \ldots & \frac{a_{n-1}}{a_0} & \frac{1}{a_0} \\ 1 & 0 & \ldots & \ldots & 0 \\ & \ddots & 0 & & \vdots \\ & 0 & \ddots & & \vdots \\ & & & 1 & 0 \end{pmatrix}$$

dann folgt mit der gleichen Normabschätzung wie vorher jetzt

$$\begin{aligned} 1/|\lambda| &\leqq \rho(A(q)) \leqq \|A(q)\|_\infty = \max\left\{\frac{1}{|a_0|},\ 1 + \left|\frac{a_1}{a_0}\right|,\ \ldots,\ 1 + \left|\frac{a_{n-1}}{a_0}\right|\right\} \\ &\leqq \frac{1}{|a_0|} \cdot \max\{1,\ |a_0| + |a_1|,\ \ldots,\ |a_0| + |a_{n-1}|\} \end{aligned}$$

oder

$$|\lambda| \geqq \frac{|a_0|}{\max\{1,\ |a_0| + |a_1|,\ \ldots,\ |a_0| + |a_{n-1}|\}} \geq \frac{|a_0|}{|a_0| + \max\{1,\ |a_1|,\ \ldots,\ |a_{n-1}|\}}. \quad \square$$

Aufgabe 7.26: Wie läßt sich mit den in der Aufgabe 7.11 verwendeten Mitteln die Schranke von Aufgabe 6.14 für alle Wurzeln ξ eines Polynoms p herleiten.

Lösung: Man wendet auf Begleitmatrix des Polynoms $q(x) = x^n + \sum_{i=0}^{n-1} \frac{a_i}{a_n} \cdot x^i$

$$A(q) = \begin{pmatrix} \frac{-a_{n-1}}{a_n} & \ldots & \ldots & \frac{-a_0}{a_n} \\ 1 & 0 & \ldots & 0 \\ & \ddots & & \vdots \\ 0 & & 1 & 0 \end{pmatrix}$$

die Matrixnorm $\|\cdot\|_\infty$ an und erhält dann

$$|\xi| \le \rho(A(q)) \le \|A\|_\infty = \max\left\{1, \sum_{i=0}^{n-1} \frac{|a_i|}{|a_n|}\right\}. \square$$

Aufgabe 7.27: Sei A eine nichtsinguläre Matrix, dann gilt für jede singuläre Matrix B und jede Matrixnorm $\|\cdot\|$ die Abschätzung für die zugehörige Konditionszahl $\kappa(A)$

$$\kappa(A) \ge \|A\| / \|A-B\|$$

Lösung: Zunächst zeigen wir unter den gegebenen Voraussetzungen, daß $\|A-B\| \geqq 1/\|A^{-1}\|$ gilt. Da $B = A-(A-B) = A(I - A^{-1}\cdot(A-B))$ singulär war, muß $\|A^{-1}\cdot(A-B)\| \geqq \rho(A^{-1}\cdot(A-B)) \ge 1$ sein. Daraus folgt aber dann $\|A^{-1}\|\cdot\|A-B\| \geqq 1$. Aus der Definition der Konditionszahl $\kappa(A) = \|A^{-1}\|\cdot\|A\|$ folgt damit aber unmittelbar die behauptete Ungleichung. □

Aufgabe 7.28: Es sei A eine obere oder untere Dreiecksmatrix mit $a_{ii} \ne 0$, $1 \le i \le n$. Dann gilt für die zur Matrixnorm $\|\cdot\|_\alpha$, $\alpha = 1, \infty$ gehörige Konditionszahl $\kappa(A)$ die folgende Abschätzung

$$\kappa(A) \geqq \frac{\|A\|_\alpha}{\min\limits_{1\le i\le n} |a_{ii}|}$$

Lösung: Die Matrix A ist nach Voraussetzung regulär, da $a_{ii} \ne 0$ $1 \le i \le n$, ist. Wir wählen in Aufgabe 7.27 dann für B die Matrix

$$B = A - diag(a_{11}, \ldots, a_{nn})$$

Da $b_{ii} = 0$ gilt, ist die strenge Dreiecksmatrix B also singulär. Bei Anwendung der Abschätzung in Aufgabe 7.27 unter Verwendung der Matrixnom $\|\cdot\|_\alpha$ ergibt dies, da $A - B = diag(a_{11}, \ldots, a_{nn})$ ist, wegen $\|A-B\|_\alpha \geqq \min\limits_{1\le i\le n} |a_{ii}|$ die behauptete Ungleichung. □

Aufgabe 7.29: Man zeige, daß die nichtsingulären Matrizen A in der Menge der Matrizen dicht liegen.

Lösung: Aus Aufgabe 7.27 folgt, daß bei regulärer Matrix A aus Singularität von $A+E$ notwendig $\|E\| \geqq 1/\|A^{-1}\|$ folgt. Die Matrix $A+E$ ist regulär, wenn $\rho(A^{-1}E) \leqq \|A^{-1}\| \cdot \|E\| < 1$ ist. Dies ergibt sich aus der Gleichheit

$$A^{-1}(A+E) = I + A^{-1} \cdot E$$

und der Konvergenz der NEUMANNschen Reihe. Daraus folgt aber dann, daß auch alle Matrizen B regulär sind, falls nur $A-B=E$ mit allen Matrizen E, die die Ungleichung $\|E\| < 1/\|A^{-1}\|$ erfüllen. Man kann also leicht eine Folge von Matrizen $E^{(k)}$ mit $E^{(k)} \to 0$ konstruieren, sodaß die Folge regulärer Matrizen $B^{(k)} = A + E^{(k)}$ gegen A konvergiert. □

Aufgabe 7.30: Man zeige: Ist die Matrix $A = (a_{ij})$ streng diagonaldominant (siehe Aufgabe 7.17), dann gilt

$$\|Ax\|_\infty \geq \theta \cdot \|x\|_\infty \text{ für alle } x \in \mathbb{R}^n \text{ mit einem festen } \theta > 0.$$

Man gebe ein geeignetes θ an.

Lösung: Sei $\|x\|_\infty = |x_k|$ für ein $1 \leq k \leq n$, dann gilt

$$\begin{aligned}\|Ax\|_\infty &\geq \left|\sum_{j=1}^n a_{kj}x_j\right| \geq |a_{kk}| \cdot |x_k| - \sum_{\substack{j=1\\j\neq k}}^n |a_{kj}| \cdot |x_j| \\ &\geq |a_{kk}| \cdot \|x\|_\infty - \sum_{\substack{j=1\\j\neq k}}^n |a_{kj}| \cdot \|x\|_\infty \\ &\geq \min_{1\leq k\leq n}\left\{|a_{kk}| - \sum_{\substack{j=1\\j\neq k}}^n |a_{kj}|\right\} \cdot \|x\|_\infty\end{aligned}$$

Man wähle etwa $\theta = \min_{1\leq k\leq n}\left\{|a_{kk}| - \sum_{\substack{j=1\\j\neq k}}^n |a_{kj}|\right\} > 0$ (wegen der strengen Diagonaldominanz). □

Aufgabe 7.31: Welchen Bedingungen muß die Matrix $A = (a_{ij})$ genügen, damit

$$\|x\|' = \|Ax\|, \ \|\cdot\| \text{ Vektornorm}$$

eine Vektornorm ist.

Lösung: Aus dem Normaxiom (1) folgt, daß

$$\|x\|' = 0 \Leftrightarrow x = 0$$

gelten muß. Das bedeutet aber, daß

$$\|Ax\| = 0 \Leftrightarrow x = 0$$

sein muß. Da $\|Ax\| = 0$ genau dann, wenn $Ax = 0$ ist (wegen Normaxiom (1)), folgt, daß $Ax = 0$ nur für $x = 0$ sein darf. Das bedeutet aber, daß die Matrix A nichtsingulär sein muß.

Die Axiome (2) - (3) bringen keine Einschränkungen an A. A muß also nichtsingulär sein. □

Aufgabe 7.32: Gegeben sei die Matrix

$$A = \begin{pmatrix} 2 & 1 & 0 \\ -1 & 2 & 0.5 \\ 0 & 1 & -2 \end{pmatrix}$$

(a) Man entscheide, ob die Matrix A eine Inverse A^{-1} besitzt.

(b) Man gebe eine Abschätzung für die Eigenwerte von A an.

(c) Wie groß ist der Spektralradius von A?

Lösung: Zu (a): Für die Matrix A gilt, daß

$$\min_{1 \le i \le 3} \left\{ |a_{ii}| - \sum_{\substack{j=1 \\ j \ne i}}^{3} |a_{ij}| \right\} = \min\{1,\ 0.5,\ 1\} = 0.5 > 0$$

ist. Also ist A streng diagonaldominant. Nach Aufgabe 7.17 ist damit A nichtsingulär.

Zu (b): Es gilt $|\lambda| \le \|A\|_\infty$ für alle Eigenwerte λ von A. Da aber

$$\|A\|_\infty = \max_{1\le i\le 3} \sum_{j=1}^{3} |a_{ij}| = \max\{3,\ 3.5,\ 3\} = 3.5$$

ist folgt, daß für alle Eigenwerte λ von A damit $|\lambda| \le 3.5$ gilt.

Zu (c): Das charakteristische Polynom zur Matrix A ist

$$\begin{aligned} p(\lambda) = \det(A - \lambda \cdot I) &= \begin{vmatrix} 2-\lambda & 1 & 0 \\ -1 & 2-\lambda & 0.5 \\ 0 & 1 & -2-\lambda \end{vmatrix} \\ &= (2-\lambda)(-4+\lambda^2) - (2+\lambda) \\ &= (2+\lambda)\left(-(2-\lambda)^2 - 1\right) = -(2+\lambda)(\lambda^2 - 4\lambda + 5) \end{aligned}$$

Dieses hat die Nullstellen $\lambda_1 = -2$, sowie

$$\lambda_{2,3} = 2 \pm \frac{\sqrt{-4}}{2} = 2 \pm i$$

Für den Spektralradius $\rho(A)$ gilt dann, $\rho(A) = |2+i| = \sqrt{5}$. □

Aufgabe 7.33: Für welche Matrixnorm $\|\cdot\|$ ergibt sich die gleiche Abschätzung für den Spektralradius wie aus den GERSCHGORIN-Kreisen?

Lösung: Die GERSCHGORIN-Kreise haben die Form

$$|a_{ii} - \lambda| \leqq \sum_{\substack{j=1 \\ j\ne i}}^{n} |a_{ij}|,\quad 1 \leqq i \leqq n$$

Wegen

$$|\lambda| - |a_{ii}| \leqq \sum_{\substack{j=1 \\ j\ne 0}}^{n} |a_{ij}|,\quad 1 \leqq i \leqq n$$

folgt daraus für die Beträge der Eigenwerte die Abschätzung

$$|\lambda| \leqq \sum_{j=1}^{n} |a_{ij}|,\quad 1 \leqq i \leqq n$$

Für den Spektralradius $\rho(A) = \max_{1\le i\le n} |\lambda_i|$ ergibt sich daraus

$$\rho(A) \leqq \max_{1 \leq i \leq n} \sum_{j=1}^{n} |a_{ij}|$$

Die rechte Seite ist aber gleich der Norm $\|\cdot\|_{\infty}$. □

§ 8 Lineare Gleichungssysteme

8.1 Lösungsmethoden für lineare Gleichungssysteme

Das bekannteste endliche Verfahren zur Lösung von linearen Gleichungssystemen ist der GAUßsche Eliminationsalgorithmus.
Ausgehend von dem linearen Gleichungssystem

$$A \cdot x = b \text{ mit } A = \left(a_{ij}\right),\ x = \left(x_i\right)^T \text{ und } b = \left(b_i\right)^T$$

oder ausgeschrieben

$$\begin{aligned} a_{11}x_1 + a_{12}x_2 + \ldots + a_{1n}x_n &= b_1 \\ a_{21}x_1 + a_{22}x_2 + \ldots + a_{2n}x_n &= b_2 \\ \ldots\ldots\ldots & \\ &\vdots \\ a_{n1}x_1 + a_{n2}x_2 + \ldots + a_{nn}x_n &= b_n \end{aligned}$$

macht es zunächst eine Reihe von der die Lösung nicht verändernden Umformungen, welche das System auf obere Dreiecksgestalt bringt. Dabei werden der Reihe nach im k-ten Schritt die k-te Zeile mit einem geeigneten Faktor $m_i^{(k)} = -a_{ik}^{(k)} / a_{kk}^{(k)}$ multipliziert und zu der i-ten Zeile (für $i > k$) addiert. Damit werden die Elemente $a_{ik}^{(k+1)}$ für $i > k$ zu Null. Schließlich hat das System die Gestalt

$$\begin{aligned} a_{11}^{(n-1)}x_1 + a_{12}^{(n-1)}x_2 + \ldots + a_{1n}^{(n-1)}x_n &= b_1^{(n-1)} \\ a_{22}^{(n-1)}x_2 + \ldots + a_{2n}^{(n-1)}x_n &= b_2^{(n-1)} \\ \ldots \quad & . \\ \ldots \quad & . \\ \ldots \quad & . \\ a_{nn}^{(n-1)}x_n &= b_n^{(n-1)} \end{aligned}$$

Der Algorithmus dazu lautet: Für die Schritte $k = 1, \ldots, n-1$ bilde man

$$a_{ij}^{(k+1)} = a_{ij}^{(k)} + m_i^{(k)} \cdot a_{kj}^{(k)},\ j = k+1, \ldots, n;\ i = k+1, \ldots, n$$
$$b_i^{(k+1)} = b_i^{(k)} + m_i^{(k)} \cdot b_k^{(k)},\ i = k+1, \ldots, n$$
wobei $m_i^{(k)} = -a_{ik}^{(k)} / a_{kk}^{(k)}$ ist.

Ein solches gestaffeltes System läßt durch Rückwärtsauflösen lösen mit Hilfe der Rekursionsvorschrift

$$x_n = b_n^{(n-1)} / a_{nn}^{(n-1)},$$
$$x_k = \left[b_k^{(n-1)} - \sum_{j=k+1}^{n} a_{kj}^{(n-1)} x_j^{(n-1)} \right] \Big/ a_{kk}^{(n-1)}, \quad k = n-1, \dots, 1$$

Diese 'naive' Durchführung des GAUßschen Algorithmus läßt sich - abgesehen von den Rundungsfehlern - stets durchführen, wenn die ursprüngliche Matrix streng diagonaldominant ist (siehe Aufgabe 7.4). Natürlich ist die Matrix dann wegen Aufgabe 7.17 nichtsingulär. (Allgemein gilt, daß bei der Nichtsingularität der Matrix A mit Hilfe einer 'Pivotsuche' der GAUßsche Algorithmus stets durchführbar ist.)

Bei dem GAUßschen Algorithmus entsteht eine sogenannte LU-Zerlegung der Matrix A in der Form

$$A = L \cdot U$$

oder ausgeschrieben

$$\begin{pmatrix} a_{11} & a_{12} & \dots & a_{1n} \\ a_{21} & a_{22} & \dots & a_{2n} \\ & \dots & \dots & \\ & \dots & \dots & \\ a_{n1} & a_{n2} & \dots & a_{nn} \end{pmatrix} = \begin{pmatrix} 1 & 0 & \dots & 0 \\ -m_2^{(1)} & 1 & \dots & 0 \\ & \dots & \dots & \\ & \dots & \dots & \\ -m_n^{(1)} & \dots & -m_n^{(n-1)} & 1 \end{pmatrix}$$

$$\cdot \begin{pmatrix} a_{11}^{(n-1)} & \dots & \dots & a_{1n}^{(n-1)} \\ 0 & a_{22}^{(n-1)} & \dots & a_{2n}^{(n-1)} \\ & 0 & \ddots & \vdots \\ & & & a_{nn}^{(n-1)} \end{pmatrix}$$

Insbesondere bei großen (und spärlich besetzten) linearen Gleichungssystemen spielen auch iterative Verfahren zur Approximation der Lösung eine Rolle. Dabei geht man von einem linearen Gleichungssystem in iterationsfähiger Gestalt (oder auch Fixpunktform) aus, was dann die Form

$$x = T \cdot x + c$$

besitzt. Dabei betrachtet man die Iterationsfolge

$$x^{(k+1)} = T \cdot x^{(k)} + c,\ k \geq 0,\ x^{(0)} \text{ gegeben}$$

Es gilt dafür der Satz, daß $\lim_{k\to\infty} x^{(k)} = x^*$ gilt, wobei x^* der eindeutige Fixpunkt der obigen Gleichung ist, genau dann, wenn $\rho(T) < 1$ ist, und zwar für beliebige Wahl von $x^{(0)} \in \mathbb{R}^n$.

Die zwei bekanntesten Möglichkeiten zur Bildung von einem geeigneten T ist das

Gesamtschrittverfahren mit $T_G = D^{-1}(L+U),\ c = D^{-1}b$

und das

Einzelschrittverfahren mit $T_E = (D-L)^{-1}U,\ c = (D-L)^{-1}b$

wobei die Matrix A in der Form

$$A = D - L - U$$

(mit nichtsingulärem D vorausgesetzt) in eine Diagonalmatrix $D = diag(a_{11}, a_{22}, \ldots, a_{nn})$, eine strenge untere Dreiecksmatrix $L = (l_{ij})$ mit $l_{ij} = -a_{ij}$ für $1 \leq j < i \leq n$ und $l_{ij} = 0$ sonst, sowie eine strenge obere Dreiecksmatrix $U = (u_{ij})$ mit $u_{ij} = -a_{ij}$ für $1 \leq i < j \leq n$ und $u_{ij} = 0$ sonst, zerlegt ist.

Es gilt: *Falls die Matrix A streng diagonaldominant ist, dann konvergieren das Einzelschritt- und das Gesamtschrittverfahren für alle $x^{(0)} \in \mathbb{R}^n$ gegen die eindeutige Lösung des Systems.*
(Vergleiche dazu Aufgabe 7.17.)

8.2 Aufgaben zu linearen Gleichungssystemen

Aufgabe 8.1: Gegeben sei das lineare Gleichungssystem

$$x_1 + x_2 = 2$$
$$\alpha \cdot x_1 + x_2 = 2 + \alpha$$

Für welche Werte von α kann die naive Anwendung des GAUßschen Algorithmus auf dem Computer zu falschen Ergebnissen führen?

Lösung: Der erste Schritt des GAUßschen Algorithmus führt auf das transformierte System in Dreiecksgestalt

$$\begin{aligned} x_1 + x_2 &= 2 \\ (1-\alpha)\cdot x_2 &= 2-\alpha \end{aligned}$$

Für Werte von α nahe 1 sieht man, daß das System nahezu singulär wird, was sich auch in einem großen Fehler in der Berechnung von $x_2 = (2-\alpha)/(1-\alpha)$ bei der Rückwärtsauflösung ausdrückt. □

Aufgabe 8.2: Man zeige, daß die Matrix der Gestalt

$$A = \begin{pmatrix} 0 & a \\ 0 & b \end{pmatrix}$$

eine LU-Zerlegung besitzt und daß diese nicht eindeutig ist.

Lösung: Wir machen den expliziten Ansatz

$$A = \begin{pmatrix} 0 & a \\ 0 & b \end{pmatrix} = \begin{pmatrix} 1 & 0 \\ \alpha & 1 \end{pmatrix} \cdot \begin{pmatrix} \beta & \gamma \\ 0 & \delta \end{pmatrix} = L \cdot U.$$

Elementweise ausgeschrieben ergibt das die Gleichungen

$$\beta = 0,\ \gamma = a,\ (\alpha \cdot \beta = 0),\ \alpha \cdot \gamma + \delta = b \ (\text{oder } \alpha \cdot a + \delta = b).$$

Somit gibt es für die Wahl von α und δ unendlich viele Möglichkeiten, wenn $a \neq 0$ ist, und damit unendlich viele Möglichkeiten zur Wahl von L und U. □

Aufgabe 8.3: Man gebe jeweils ein Beispiel für eine Matrix A an, bei welchem das Einzelschrittverfahren konvergiert aber das Gesamtschrittverfahren nicht und umgekehrt.

Lösung: Solche Beispiele sind etwa

$$A_1 = \begin{pmatrix} 1 & 2 & -2 \\ 1 & 1 & 1 \\ 2 & 2 & 1 \end{pmatrix} \text{ mit } \rho(T_G) < 1 \text{ und } \rho(T_E) > 1.$$

Der Nachweis kann wie folgt erbracht werden:

$$A_1 = \begin{pmatrix} 1 & 2 & -2 \\ 1 & 1 & 1 \\ 2 & 2 & 1 \end{pmatrix} = D_1 - L_1 - U_1 =$$
$$\begin{pmatrix} 1 & 0 & 0 \\ 0 & 1 & 0 \\ 0 & 0 & 1 \end{pmatrix} - \begin{pmatrix} 0 & 0 & 0 \\ -1 & 0 & 0 \\ -2 & -2 & 0 \end{pmatrix} - \begin{pmatrix} 0 & -2 & 2 \\ 0 & 0 & -1 \\ 0 & 0 & 0 \end{pmatrix}$$

$$D_1^{-1}(L_1 + U_1) = \begin{pmatrix} 0 & -2 & 2 \\ -1 & 0 & -1 \\ -2 & -2 & 0 \end{pmatrix}$$

$$p_1(\lambda) = \det\left(D_1^{-1}(L_1 + U_1) - \lambda I\right) = \begin{vmatrix} -\lambda & -2 & 2 \\ -1 & -\lambda & -1 \\ -2 & -2 & -\lambda \end{vmatrix} =$$
$$= -\lambda^3;$$
$$p_1(\lambda) = 0 \Leftrightarrow \lambda = 0$$

Also folgt $\rho\left(D_1^{-1}(L_1 + U_1)\right) = 0$.

$(D_1 - L_1) = \begin{pmatrix} 1 & 0 & 0 \\ 1 & 1 & 0 \\ 2 & 2 & 1 \end{pmatrix}$; dabei ergibt sich durch einfache Rechnung (vergleiche Aufgabe 8.7) $(D_1 - L_1)^{-1} = \begin{pmatrix} 1 & 0 & 0 \\ -1 & 1 & 0 \\ 0 & -2 & 1 \end{pmatrix}$ und $(D_1 - L_1)^{-1} U_1 = \begin{pmatrix} 0 & -2 & 2 \\ 0 & 2 & -3 \\ 0 & 0 & 3 \end{pmatrix}$, was $\rho\left((D_1 - L_1)^{-1} U_1\right) = 2$ zur Folge hat.

Ferner gilt

$$A_2 = \begin{pmatrix} 1 & -1/2 & -1/2 \\ 1 & 1 & 1 \\ -1/2 & -1/2 & 1 \end{pmatrix} \text{ mit } \rho(T_G) > 1 \text{ und } \rho(T_E) < 1.$$

Der Nachweis geschieht wie folgt:

$$A_2 = \begin{pmatrix} 1 & -1/2 & -1/2 \\ 1 & 1 & 1 \\ -1/2 & -1/2 & 1 \end{pmatrix} = D_2 - L_2 - U_2 =$$

$$\begin{pmatrix} 1 & 0 & 0 \\ 0 & 1 & 0 \\ 0 & 0 & 1 \end{pmatrix} - \begin{pmatrix} 0 & 0 & 0 \\ -1 & 0 & 0 \\ 1/2 & 1/2 & 0 \end{pmatrix} - \begin{pmatrix} 0 & 1/2 & 1/2 \\ 0 & 0 & -1 \\ 0 & 0 & 0 \end{pmatrix}$$

$$D_2^{-1}(L_2 + U_2) = \begin{pmatrix} 0 & 1/2 & 1/2 \\ -1 & 0 & -1 \\ 1/2 & 1/2 & 0 \end{pmatrix}$$

$$p_2(\lambda) = \det\left(D_2^{-1}(L_2 + U_2) - \lambda I\right) = \begin{vmatrix} -\lambda & 1/2 & 1/2 \\ -1 & -\lambda & -1 \\ 1/2 & 1/2 & -\lambda \end{vmatrix}$$
$$= -\left(\lambda^3 + (3/4)\lambda + 1/2\right) = 0;$$

man sieht leicht, daß $\lambda_1 = -1/2$ eine Wurzel des charakteristischen Polynoms p_2 ist. Damit folgt aber

$$p_2(\lambda) = (\lambda + 1/2)(\lambda^2 - \lambda/2 + 1)$$

oder $\lambda_{2,3} = \left(1/2 \pm \sqrt{1/4 - 4}\right)/2$. Es ist aber

$$\lambda_{2,3} = \left(1/2 \pm i \cdot \frac{\sqrt{15}}{2}\right)/2 \text{ mit } |\lambda_{2,3}| = \sqrt{\left(1/4 + \sqrt{15}/4\right)}/2$$
$$= \left(\sqrt{16/4}\right)/2 = 1$$

Also ist $\rho\left(D_2^{-1}(L_2 + U_2)\right) = 1$.

$D_2 - L_2 = \begin{pmatrix} 1 & 0 & 0 \\ 1 & 1 & 0 \\ -1/2 & -1/2 & 1 \end{pmatrix}$; dafür ergibt sich durch einfache Rechnung (siehe Aufgabe 8.7) $(D_2 - L_2)^{-1} = \begin{pmatrix} 1 & 0 & 0 \\ -1 & 1 & 0 \\ 0 & 1/2 & 1 \end{pmatrix}$ und $(D_2 - L_2)^{-1} U_2 = \begin{pmatrix} 0 & 1/2 & 1/2 \\ 0 & -1/2 & -3/2 \\ 0 & 0 & -1/2 \end{pmatrix}$ was $\rho\left((D_2 - L_2)^{-1} U_2\right) = 1/2$ zur Folge hat. □

Aufgabe 8.4: Man zeige, daß eine nichtsinguläre obere (untere) Dreiecksmatrix eine obere (untere) Dreiecksmatrix als Inverse besitzt.

Lösung: Die Inverse U^{-1} kann als Lösung der Gleichung

$$U \cdot U^{-1} = I$$

spaltenweise berechnet werden. Dabei sind die n linearen Gleichungssysteme

$$U \cdot x = e_i,\ 1 \le i \le n \text{ mit } e_i = (0, \ldots, 0, 1, 0, \ldots, 0)^T$$
$$\text{(1 in der } i \text{ -ten Komponente)}$$

zu lösen. Die Lösungen sind dann der Reihe nach die n Spalten der Inversen U^{-1}. Da U bereits z. B. obere Dreiecksgestalt besitzt, ist beim GAUßschen Algorithmus der erste Teil, d. h. die Transformation auf Dreiecksgestalt nicht notwendig. Es fällt nur die Rückwärtsauflösung an. Diese kann ausgeführt werden, da wegen der Nichtsingularität von U alle Diagonalelemente $u_{ii} \ne 0,\ 1 \le i \le n$ sind. Aus der Formel für die Rückwärtsauflösung ersieht man, daß beim i -ten System alle Komponenten $x_j,\ i < j \le n$ Null sind und erst die i -te Komponente zu $x_i = 1/u_{ii} \ne 0$ wird. Das bedeutet aber spaltenweise wiederum die obere Dreiecksgestalt für U^{-1}. □

Aufgabe 8.5: Man charakterisiere alle nichtsingulären Matrizen $A = \left(a_{ij}\right)$, bei denen ein Schritt des Einzelschrittverfahrens, begonnen mit $x^{(0)} = 0$ die exakte Lösung liefert.

Lösung: Die exakte Lösung des Systems $Ax = b$ schreibt sich als $A^{-1}b$. Sei die Matrix $A = D - L - U$ zerlegt, mit D nichtsingulär, dann schreibt sich der erste Schritt des Einzelschrittverfahrens als

$$(D - L) \cdot x^{(1)} = U \cdot x^{(0)} + b = b \text{ wegen } x^{(0)} = 0.$$

Also gilt

$$x^{(1)} = (D - L)^{-1} \cdot b = A^{-1} \cdot b$$

was bedeutet, daß $(D - L)^{-1} = A^{-1}$ sein muß. Dazu wähle man z. B. nacheinander $b_i = e_i,\ i = 1, \ldots, n$ mit den Einheitsvektoren e_i aus dem Lösungsweg zu Aufgabe 8.4.

Nach Aufgabe 8.4 ist die Inverse einer (unteren) Dreiecksmatrix wieder eine solche. Das bedeutet, daß auch $(D - L) = A$ eine (untere) Dreiecksmatrix sein muß. Diese Betrachtungen gelten auch für Matrizen A, welche durch Umnumerierung der Variablen in eine solche Form gebracht werden können. Also lautet die Antwort: A muß nach evtl. Umnumerierung der Variablen eine nichtsinguläre untere Dreiecksmatrix sein. □

Aufgabe 8.6: Es gelte für Matrizen A und C, daß

$$\rho(I - A\cdot C) < 1$$

ist. Dann konvergiert das Iterationsverfahren

$$X^{(k+1)} = X^{(k)}(I - A\cdot C) + C,\ X^{(0)} \text{ beliebige Matrix}$$

gegen A^{-1}.

Lösung: Zunächst existieren die Inversen A^{-1} und C^{-1} nach Aufgabe 7. . Außerdem gelten

$$\begin{aligned}\left(X^{(k)} - A^{-1}\right)(I - (I - A\cdot C)) &= X^{(k)} - X^{(k)}(I - A\cdot C) - A^{-1}(A\cdot C)\\ &= X^{(k)} - X^{(k+1)}\end{aligned}$$

und

$$X^{(k)} - X^{(k+1)} = \left(X^{(k-1)} - X^{(k)}\right)\cdot(I - A\cdot C) = \ldots = \left(X^{(0)} - X^{(1)}\right)\cdot(I - A\cdot C)^{k}.$$

Zusammengenommen gilt dann aber

$$\begin{aligned}X^{(k+1)} - A^{-1} &= \left(X^{(k)} - X^{(k+1)}\right)(I - (I - A\cdot C))^{-1}\\ &= \left(X^{(0)} - X^{(1)}\right)\cdot(I - A\cdot C)^{k}(A\cdot C)^{-1}\end{aligned}$$

woraus für $k \to \infty$ $X^{(k+1)} \to A^{-1}$ folgt. □

Aufgabe 8.7: Sei U eine obere Dreiecksmatrix und es existiere U^{-1}, d. h. alle Diagonalelemente u_{ii}, $1 \le i \le n$ sind von Null verschieden. Aus der Gleichung

$$U\cdot U^{-1} = I$$

entwickle man einen Algorithmus zur Bestimmung der Inversen U^{-1}.

Lösung: Man macht den Ansatz

$$\begin{pmatrix} u_{11} & u_{12} & u_{13} & \cdots & u_{1n}\\ 0 & u_{22} & u_{23} & \cdots & u_{2n}\\ & 0 & \ddots & & \vdots\\ & & & & u_{nn}\end{pmatrix}\begin{pmatrix} v_{11} & v_{12} & \cdots & v_{1n}\\ 0 & v_{22} & \cdots & v_{2n}\\ & 0 & \ddots & v_{n-1n}\\ & & & v_{nn}\end{pmatrix} = \begin{pmatrix} 1 & 0 & \cdots & \cdots & 0\\ 0 & 1 & 0 & \cdots & 0\\ & & & \ddots & 0\\ 0 & & \cdots & & 1\end{pmatrix}$$

da nach Aufgabe 8.4 die Inverse U^{-1} einer Dreiecksmatrix wieder eine solche ist. Beim sukzessiven Ausmultiplizieren des obigen Matrixproduktes ergibt sich der Reihe nach:

$$\begin{array}{lll} u_{11}\cdot v_{11}=1 & \text{oder} & v_{11}=1/u_{11} \\ u_{22}\cdot v_{22}=1 & \text{oder} & v_{22}=1/u_{22} \\ \vdots & & \vdots \\ u_{nn}\cdot v_{nn}=1 & \text{oder} & v_{nn}=1/u_{nn} \end{array}$$

ferner erhalten wir entsprechend

$$\begin{array}{lll} u_{11}\cdot v_{12}+u_{12}\cdot v_{22}=0 & \text{oder} & v_{12}=-u_{12}\cdot\dfrac{1}{u_{11}\cdot u_{22}} \\ u_{22}\cdot v_{23}+u_{23}\cdot v_{33}=0 & \text{oder} & v_{23}=-u_{23}\cdot\dfrac{1}{u_{22}\cdot u_{33}} \\ \vdots & & \vdots \\ u_{n-1,n-1}\cdot v_{n-1,n}+u_{n-1,n}\cdot v_{n,n}=0 & \text{oder} & v_{n-1,n}=-u_{n-1,n}\cdot\dfrac{1}{u_{n-1,n-1}\cdot u_{n,n}} \end{array}$$

Bei entsprechender Fortsetzung dieser Methode ergibt sich bei richtiger Reihenfolge der Ausführung der Matrixmultiplikation der Wert der Nebendiagonalelemente von U als Lösung einer Gleichung mit einer Unbekannten, die wegen $u_{ii}\neq 0$ stets lösbar ist. □

Aufgabe 8.8: Gegeben sei das lineare Gleichungssystem

$$A\cdot x=b$$

mit

$$A=\begin{pmatrix} 2 & 3/10 & -1/10 & 6/5 \\ -1/10 & 3 & 1/5 & 7/10 \\ 3/10 & -1/5 & 1 & 1/10 \\ 2/5 & -3/10 & 7/10 & 2 \end{pmatrix},\ b=\begin{pmatrix} 1/2 \\ 0 \\ 1 \\ 1/10 \end{pmatrix},\ x=\begin{pmatrix} x_1 \\ x_2 \\ x_3 \\ x_4 \end{pmatrix}$$

a) Man zeige, daß für die obige Wahl von A und b das JACOBI-Verfahren (Gesamtschrittverfahren) konvergiert;

b) was läßt sich über die Konvergenz des GAUSS-SEIDEL-Verfahrens (Einzelschrittverfahrens) bei obiger Wahl von A und b sagen?

c) nach a) konvergiert bei obiger Wahl von A und b das Gesamtschrittverfahren gegen einen eindeutigen Fixpunkt x^*. Man wähle als Startwert für das Gesamtschrittverfahren $x^{(0)} = (0, 0, 0, 0)^T$ und bestimme für eine zu wählende Vektornorm $\|\cdot\|$ einen Zahlausdruck K derart, daß für die k-te Iterierte $x^{(k)}$ gilt:

$$\|x^{(k)} - x^*\| \leq 10^{-4} \text{ für alle } k \geq K.$$

Lösung: Zu a): Für die Matrix A gilt

$$\min_{1 \leq i \leq 4} \left\{ |a_{ii}| - \sum_{\substack{j=1 \\ j \neq i}}^{4} |a_{ij}| \right\} = \min\{4/10, 2, 4/10, 6/10\} = 4/10 > 0$$

Die Matrix A ist also streng diagonaldominant. Damit konvergiert das Gesamtschrittverfahren gegen den eindeutigen Fixpunkt x^* bei beliebiger Wahl von $x^{(0)}$.

Zu b): Wegen der in a) festgestellten strengen Diagonaldominanz der Matrix A konvergiert auch das Einzelschrittverfahren gegen den Fixpunkt x^* bei beliebiger Wahl von $x^{(0)}$.

Zu c): Für das Gesamtschrittverfahren

$$x^{(k+1)} = T_G x^{(k)} + c$$

gilt, daß

$$T_G = D^{-1}(L + U) \text{ wenn } A = D - L - U$$

ist. Hier ist

$$D^{-1} = \begin{pmatrix} 1/2 & 0 & 0 & 0 \\ 0 & 1/3 & 0 & 0 \\ 0 & 0 & 1 & 0 \\ 0 & 0 & 0 & 1/2 \end{pmatrix}$$

$$D^{-1}(L+U) = \begin{pmatrix} 0 & -3/10 & 1/20 & -6/10 \\ 1/30 & 0 & -1/15 & -7/30 \\ -3/10 & 1/5 & 0 & -1/10 \\ -2/10 & 3/20 & -7/20 & 0 \end{pmatrix}$$

Für die Zeilensummennorm gilt dann

$$\|T_G\|_\infty = \max_{1\le i\le 4}\left\{\sum_{i=1}^{4}|a_{ij}|\right\} = \max\{19/20,\ 1/3,\ 3/5,\ 7/10\} = 19/20$$

Aufgrund der Abschätzungsformel des BANACHschen Fixpunktsatzes gilt (siehe 5.1) mit $L = 19/20$

$$\|x^{(k)} - x^*\|_\infty \le \frac{(19/20)^k}{1-19/20}\|x^{(1)} - 0\|_\infty$$

da die Zeilensummennorm und die Vektornorm $\|\cdot\|_\infty$ verträglich sind. Wir berechnen nun

$$x^{(1)} = T_G \cdot x^{(0)} + D^{-1}b = T_G \cdot 0 + D^{-1}b = D^{-1}b = (1/4,\ 0,\ 1,\ 1/20)^T$$

und erhalten für

$$\|x^{(1)} - x^{(0)}\|_\infty = \|x^{(1)}\|_\infty = \max\{1/4,\ 0,\ 1,\ 1/20\} = 1$$

schließlich die Ungleichung

$$\|x^{(k)} - x^*\|_\infty \le (19/20)^k \cdot 20 \cdot 1$$

und damit die hinreichende Bedingung für k

$$(19/20) \cdot 20 \le 10^{-4}$$

oder logarithmiert und nach k aufgelöst

$$k \ge \frac{\ln(0{,}5 \cdot 10^{-5})}{\ln(19/20)} \approx 237.97$$

K muß also bei dieser Abschätzung mindestens 238 sein. □

LITERATURVERZEICHNIS

a. Referenzen

1. G. Alefeld, Übungen zur Vorlesung 'Praktische Mathematik I', TU Berlin, Wintersemester 1976/77

2. Richard L. Burden and J. Douglas Faires, Numerical Analysis, 5th Edition, PWS Publishing Comp., Boston 1993

3. J. Herzberger, Übungen zur Vorlesung 'Einführung in die Numerische Mathematik', Universität Oldenburg, Wintersemester 1989/90, 1993/94 und 1996/97

4. J. Herzberger, Einführung in das wissenschaftliche Rechnen, Addison Wesley Verlag, Bonn 1997

5. Roger A. Horn and Charles R. Johnson, Matrix Analysis, Cambridge University Press, Cambridge 1992

6. L. V. Kantorovich and G. P. Akilov, Functional Analysis, 2nd edition, Pergamon Press, Oxford 1982

7. David Kincaid and Ward Cheney, Numerical Analysis, Brooks/Cole Publishing Comp., Pacific Grovw 1991

8. H. Späth, Numerik, Vieweg Verlag, Wiesbaden 1994

9. F. Stummel und K. Hainer, Praktische Mathematik, Teubner Verlag, Stuttgart 1982

10. James S. Vandergraft, Introduction to Numerical Computations, Academic Press, New York 1983

b. Lehrbücher (Auswahl, deutschsprachig)

1. P. Deuflhard, H. Hohmann, Numerische Mathematik, Walter de Gruyter, Berlin 1991

2. G. Hämmerlin, K.-H. Hoffmann, Numerische Mathematik, Springer-Verlag 1994

3. J. Herzberger, Einführung in das wissenschaftliche Rechnen, Addison Wesley, Bonn 1997

4. F. Locher: Numerische Mathematik - für Informatiker, Springer-Verlag 1992

5. W. Oevel, Einführung in die Numerische Mathematik, Spektrum Akademischer Verlag, Heidelberg 1996

6. G. Opfer, Numerische Mathematik für Anfänger, Vieweg Verlag, Wiesbaden 1993

7. M. Reimer, Grundlagen der Numerischen Mathematik, I und II, AULA-Verlag, Wiesbaden 1980 und 1982

8. R. Schaback, H. Werner, Numerische Mathematik, Springer-Verlag 1992

9. H. R. Schwarz, Numerische Mathematik, B. G. Teubner, Stuttgart 1988

10. H. Schwetlick und H. Kretzschmar, Numerische Verfahren für Naturwissenschaftler und Ingenieure, Fachbuchverlag Leipzig 1991

11. H. Späth, Numerik, Vieweg Verlag, Wiesbaden 1994

12. J. Stoer, Einführung in die Numerische Mathematik I, Heidelberger Taschenbücher 105, Springer-Verlag 1993

13. J. Stoer, R. Bulirsch, Einführung in die Numerische Mathematik II, Heidelberger Taschenbücher 114, Springer-Verlag 1990

14. F. Stummel, K. Hainer: Praktische Mathematik, B. G. Teubner, Stuttgart 1982 (Teubner Studienbücher)

15. J. Weissinger, Numerische Mathematik auf Personal-Computer, 1 und 2, BI-Wissenschaftsverlag, Mannheim 1984

16. J. Werner, Numerische Mathematik, 1 und 2, Vieweg Verlag, Wiesbaden 1992

STICHWORTVERZEICHNIS

vieweg

vieweg